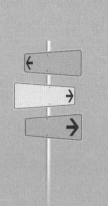

DO YOUR BEST, YOUNG PEOPLE

在最能吃苦的年纪，遇见拼命努力的自己

刘仕祥◎ 著

海天出版社（中国·深圳）

图书在版编目 (CIP) 数据

在最能吃苦的年纪，遇见拼命努力的自己 / 刘仕祥
著. — 深圳 : 海天出版社, 2016.12（2018年7月重印）
　ISBN 978-7-5507-1687-2

　Ⅰ.①在… Ⅱ.①刘… Ⅲ.①成功心理—通俗读物
Ⅳ.①B848.4-49
　中国版本图书馆CIP数据核字(2016)第148836号

在最能吃苦的年纪，遇见拼命努力的自己

ZAI ZUINENG CHIKU DE NIANJI, YUJIAN PINMING NULI DE ZIJI

出 品 人　聂雄前
责任编辑　涂玉香　张绪华
责任技编　梁立新
封面设计　元明设计

出版发行　海天出版社
地　　址　深圳市彩田南路海天大厦(518033)
网　　址　www.htph.com.cn
订购电话　0755-83460293(批发)　83460397(邮购)
设计制作　蒙丹广告0755-82027867
印　　刷　深圳市希望印务有限公司
开　　本　787mm×1092mm　1/16
印　　张　16.25
字　　数　232千
版　　次　2016年12月第1版
印　　次　2018年7月第4次
定　　价　35.00元

DO YOUR BEST, YOUNG PEOPLE

心理测试

你是否适合阅读这本书？

这是一本与人生设计和职业规划相关的励志书。如果你不确定是否需要阅读这本书，如果你想了解自己的职业发展现状和存在的问题，如果你希望找到职业发展的解决方案，那么，请先认真完成这个测试，它会给你答案和启示。

请根据你的现状（不要过度思考，只需根据你的第一反应），在最符合你现状的答案前打钩。每组只选一个答案，做完所有题目后，计算总分。其中，"非常符合"记 7 分，"比较符合"记 5 分，"不太确定"记 3 分，"比较不符合"记 1 分，"非常不符合"记 0 分。

1. 你的目标非常清晰，并且相信自己能实现：

☐非常符合　　☐比较符合　　☐不太确定　　☐比较不符合　　☐非常不符合

2. 你时间观念很强，时间安排紧紧围绕自己的目标，不允许自己浪费一分一秒：

☐非常符合　　☐比较符合　　☐不太确定　　☐比较不符合　　☐非常不符合

3. 毕业以来，你一直从事目前的工作，对它很满意，没有变换过：

☐非常符合　　☐比较符合　　☐不太确定　　☐比较不符合　　☐非常不符合

4. 你的人生方向很明确，知道自己未来该做什么：

☐非常符合　　☐比较符合　　☐不太确定　　☐比较不符合　　☐非常不符合

5. 你会有意识地选择一份工作，并且希望可以从事一辈子：

☐非常符合　　☐比较符合　　☐不太确定　　☐比较不符合　　☐非常不符合

6. 你非常喜欢现在的职业，愿意为它付出所有，经常为了完成任务而忘我加班：

☐非常符合　　☐比较符合　　☐不太确定　　☐比较不符合　　☐非常不符合

7. 工作一天结束后，你从不觉得累，总有使不完的劲，内心享受着工作带来的满足感：

☐非常符合　　☐比较符合　　☐不太确定　　☐比较不符合　　☐非常不符合

8. 每天早上醒来，你充满活力，内心很兴奋：

☐非常符合　　☐比较符合　　☐不太确定　　☐比较不符合　　☐非常不符合

9. 你所有业余时间都用来做与目前工作有关的事情：

☐非常符合　　☐比较符合　　☐不太确定　　☐比较不符合　　☐非常不符合

10. 对你来说，你做这份工作得心应手，效率很高，完全胜任，并且能做出业绩：

☐非常符合　　☐比较符合　　☐不太确定　　☐比较不符合　　☐非常不符合

11. 你完全清楚自己理想的职业所需具备的能力和素质：

☐非常符合　☐比较符合　☐不太确定　☐比较不符合　☐非常不符合

12. 你非常渴望提升自己，并且乐意花时间和精力提升跟职业相关的能力：

☐非常符合　☐比较符合　☐不太确定　☐比较不符合　☐非常不符合

13. 你认为工作不仅是生存的手段，更是实现自身价值的方式：

☐非常符合　☐比较符合　☐不太确定　☐比较不符合　☐非常不符合

14. 目前的工作，你觉得能够满足你在个人发展、薪资待遇、兴趣等方面的需要：

☐非常符合　☐比较符合　☐不太确定　☐比较不符合　☐非常不符合

15. 你对自己的兴趣、能力、优势、价值观非常了解：

☐非常符合　☐比较符合　☐不太确定　☐比较不符合　☐非常不符合

16. 你非常清楚自己适合做什么工作：

☐非常符合　☐比较符合　☐不太确定　☐比较不符合　☐非常不符合

17. 面对跳槽，你会谨慎对待，但是就算跳槽，你也不会转行：

☐非常符合　☐比较符合　☐不太确定　☐比较不符合　☐非常不符合

18. 你非常有动力去实现你的职业目标，即使遇到困难，你也不会放弃：

☐非常符合　☐比较符合　☐不太确定　☐比较不符合　☐非常不符合

19. 你对自己非常有信心，人际关系很好，做事非常有章法：

☐非常符合　☐比较符合　☐不太确定　☐比较不符合　☐非常不符合

20. 你的职业生涯很顺利，目前还没有遇到职业生涯发展瓶颈：

□非常符合　　□比较符合　　□不太确定　　□比较不符合　　□非常不符合

测试结果分析：

0 ~ 20分：你的职业成功指数极低，职业生涯发展存在很严重问题，极度不满意自己的生活状态。你没有人生目标，因此生活是一团乱麻；你不喜欢现在的职业，当受到诱惑时，你会毫不犹豫地放弃它，从而让自己总是处于换职业的状态；你没有核心竞争力，没有职业安全感；你对自己的认知模糊不清，不知道自己的能力、优势、天赋是什么，不知道自己喜欢做什么、能做什么，不相信自己可以成功，极度自卑。长此以往，如果不作出改变，你很可能会平平庸庸过一辈子。建议你把本书从头到尾看一遍，相信会对你有很大的帮助。

21 ~ 59分：你的职业成功指数较低，职业生涯发展存在较严重问题。你还没有找到自己的人生目标，不喜欢目前的工作，生活处于不稳定的状态。生存的压力让你喘不过气来，你想改变却害怕失败，从而让自己总是处于纠结之中。另外，做事三分钟热度是你最大的短板。你有一定的能力，对自己也有一定的了解，之所以处于目前这种状态，可能是因为你没有采取行动去改变，也可能是因为你在能力、思维方式、性格等方面存在严重不足。你需要找到人生目标，找到你的优势并将它最大限度地发挥出来。坚持下去，相信你会走出职业生涯发展的瓶颈。

60 ~ 100分：你的职业成功指数一般，职业生涯发展存在一定问题。你可能已经有了人生目标，但是还不够确定，还处于不断尝试之中。你对目前的职业满意度不高，工作业绩不高不低，这种状况极容易让你处于"温水煮青蛙"的状态。你需要更加清晰的人生目标，找到自己喜欢的、符合自己的天赋优势和价值观的职业，从而让自己更加有动力。如果你能增强信心，提升自己的能力，改善自己的思维模式，你的职业生涯发展会有一个质的飞越。

101 ~ 125 分：你的职业成功指数较高，职业生涯发展比较顺利。你有自己的人生目标，虽然偶尔会动力不足，但你非常喜欢目前的工作，也有能力把这份工作做好。你对自己的认知比较清楚，知道自己想要什么。你需要注重构建自己的核心竞争力，避开自己的短板，才能有更大的发展。

126 分以上：你的职业成功指数非常高，职业生涯发展非常顺利。你对自己的人生目标非常清晰，对自己非常有信心。而且，目前你所从事的工作非常符合你的兴趣、能力、价值观，而你也把这份职业当成了自己的事业。这份职业也能满足你的需要，让你每天的生活充满激情，觉得每天都有奔头。持之以恒，你会实现更大的理想。

各位朋友，如果你完成了这个测试，相信你已经了解了自己的问题所在。那么，请带着这些问题把这本书看完，你的收获会更大！祝贺你即将开始一段成长之旅，能够与自己的心灵对话并从中找到想要的答案！

DO YOUR BEST, YOUNG PEOPLE

权威推荐

深圳大学教授　章必功

　　青春时期是一个人一生中最重要的阶段，在这个阶段，可能很多人都会迷惘，因为不知道自己喜欢干什么、该干什么、能干什么。在这本书里，我看到了刘仕祥疯狂成长的经历。希望本书的出版能够帮助那些正处于迷惘中的人走出迷惘。

三茅人力资源网 CEO　王强

　　本书文笔流畅、故事性强，相信不少人会从中找到自己的影子。通过阅读这本书，愿每位读者都能够从中找准方向、理清思路、学到方法，成为生命中的强者。

《一个 HRD 的真实一年》作者　赵颖

　　他的文字，轻轻拨动了读者的心弦，让人整个心房萦绕、颤动着一个声音。这个声音时而清澈亮丽，时而深邃低沉，宛若风吹过屋檐下的风铃。如果你渴望从另一个角度解读生活，如果你愿意面对躁动的自己，请读一读刘仕祥的新书。

三茅人力资源网编辑　宋文

平时和仕祥的交流不少，发现他是个做事很严谨的人。由于出身人力资源专业，他写出来的这些文章，就不是鸡汤，而是有理有据了。这是一本难能可贵的好书！

外企 IT 经理　JIMMY

我从 2015 年开始看刘老师的文章。他的每一篇文章我都看了，感觉他的文笔很好，很流畅，给人一种积极向上的感觉，也让我渐渐看清自己的未来。在这本书里，有很多关于成长的、可操作的方法。

清华大学应届毕业生　王伟

对刘老师的了解，源于他的求职简历课程。他的课程很有创新性，指导意义强，全都是他多年实践经历的总结，干货很多。他的这本书也都是干货，每篇文章都很有指导意义。

DO YOUR BEST, YOUNG PEOPLE

推荐序一

不负青春，疯狂成长

深圳大学教授　章必功

当第一次读完这本书的时候，我看到在深圳大都市打拼的青年，如何通过自身努力走出迷惘，走向职业成功的一个缩影。

深圳是一座年轻的城市，也是成就很多人梦想的城市。很多人在这里白手起家，但也有很多人在这里迷失了方向。刘仕祥也曾经经历过一段迷惘期。我很开心地看到，他凭借着自己的努力在深圳闯出了自己的一片天地。

深圳大学的品质是"自觉、自信、自强"，我认为这本书是这六个字的真实体现。深圳大学出了很多优秀的校友，例如腾讯董事局主席马化腾、上海巨人网络科技公司董事局主席史玉柱等。在他们身上，我们都能够看到"自觉、自信、自强"的缩影。

刘仕祥是深圳大学毕业的优秀学生。读大学时，为了能够不断锻炼自己，他曾努力勤工俭学，并尝试创业，虽然以失败告终，但这段经历为他以后的发展打下了坚实的基础。

在踏入职场之后，他依然是一名优秀的职业人。毕业之后，他从事人力资源管理工作。虽然在刚毕业的时候，他也曾迷惘，但是大学时代的职业规划教育和不断摸索实践，让他迅速找到了自己的定位。他希望能够通过自己的努力，帮助更多的大学生和职场人士找到自己的方向，不断提升自己的能力，迅速走出青春的迷惘。

他结合自身的经历，收集了很多职场成功人士和迷惘人士的案例，编写了能够切切实实帮助别人的课程，形成了自己的理论体系，从而写出了《在最能吃苦的年纪，遇见拼命努力的自己》这本书。

在我的印象中，职业规划类书籍一般技巧性都比较强，而职场励志类书籍又大多是"鸡汤文"，所以一般人读了职业规划类书籍之后，在执行的过程中，一旦遇到困难，常会因动力不足而轻易放弃；而一些职场励志书籍，虽然当时看了让人很有动力，但却让人不知道从何下手。我一气呵成地读下来，发现这本书观点新颖，既有成功人士的激励，也有普通人的警醒，引人思考的同时，作者又提供了可执行的方法，确实是一本不一样的书。

刘仕祥既从自身经历的角度阐述了自己对职业规划的理解和运用，又从诸多职场人的视角讲解该如何处理在职业发展过程中面临的种种问题。本书既有职业规划方面的知识，又有心理学、个人成长等方面的知识，内容丰富，为很多迷惘的人提供了一个全新而又典型的集合标本式实战成长案例，有着极强的实用性和可读性。它来源于职场生活，贴近职场生活，是帮助所有职场人士开启职业生涯大门、走出迷惘困惑、走向职业成功的书。

看到这本书，我很欣慰。我从事教育工作几十年，最大的幸福就是看到自己的学生不断地成长。青春阶段是一个人一生中最重要的阶段，在这个阶段，可能很多人都会迷惘，因为不知道自己喜欢干什么、该干什么、能干什么。在这本书里，我看到了刘仕祥疯狂成长的经历。希望本书的出版能够帮助那些正处于迷惘中的人走出迷惘。

不负青春，疯狂成长，或许才是走出青春迷惘的最有力武器！

DO YOUR BEST, YOUNG PEOPLE

推荐序二

成为自己的强者

三茅人力资源网 CEO　王强

对刘仕祥的了解，是从他的文字开始的。他在三茅人力资源网开专栏的时间不长，但是每篇文章都获得了大量三茅会员的阅读和评论，因此我对他很关注。

我发现，刘仕祥的所有文章以及这本书都是在鼓励年轻人改变自己，为自己的梦想去行动。当一个人用借口把行动推迟到"以后"时，已经是在放弃自我改变了，而改变自己才是改变一切的起点。

以不到 30 岁的年龄，能有这么深的思考，并且乐于分享，以帮助更多人，这令我十分佩服。其实，作者本身的经历就是一个很好的、可资学习的案例。

一方面，作者勤于思考，勇于奋斗，这让他有足够的素材可以与大家分享；另一方面，由于年轻，他更容易明白年轻人的信息交流方式，尤其是其心理学专业背景，可以与读者进行更顺畅的心灵沟通。

在本书中，作者发现大多数迷惘的职场人士普遍具有以下特征：

◆ 不知道自己的人生方向在哪里。

◆ 工作多年了，事业却停滞不前。

◆ 为生活所迫，想要改变这种生活状态，却不知道从何下手。

◆现有的工作完全没有挑战性，却因为懒于改变，错过了人生最好的积累时机，导致越来越被动。

◆因为过去的不当选择，造成当下的迷惘。

…………

如何通过完善自己的内在，从而避免落入迷惘的轨道，是作者浓墨重彩的地方。作者记录了个人头脑武装的过程，引导读者思考自己的人生。

本书文笔流畅、故事性强，相信不少人会从中找到自己的影子。通过阅读这本书，愿每位读者都能够从中找准方向、理清思路、学到方法，成为生命中的强者。

DO YOUR BEST, YOUNG PEOPLE

自序

成长为强大的自己，让自己拥有更多可能

在我读大一的那年，父亲与别人合伙开的公司宣告破产。一夜之间，我从一个无忧无虑的"富二代"变成了一无所有的"负二代"。

在我放寒假回家的那天晚上，母亲跟我说，家里已没钱供我上大学了。

摆在我面前的，只有两种选择：第一是退学，第二是勤工俭学。父母从小把我们拉扯大，培养出几个大学生，每天已经非常辛苦。对于当时的处境，我根本就没有资格抱怨。

我第一次在真正意义上思考自己的未来。当时的我，没有一技之长，没有出众的能力，没有学历，没有背景，怎么在深圳闯出一片天地？我不断地问自己。对于未来，我第一次充满迷惘和恐惧。

人活着，就是要认认真真地走一回才不枉这一生！对未来美好生活的向往，支撑着我走下去。我决定跪着也要继续上大学。我可以勤工俭学，一边做兼职赚学费，一边上课。我相信我可以掌控自己的命运。靠着这点自信，我回到了学校，开始了与很多同学不一样的生活。

我周围的同学，大部分是本地人，是真正意义上的富二代。在这样一个集体里，我却做着与他们不一样的事。每天早上，当他们刚刚打完游戏睡觉的时候，我已经

起来刷牙了；每天晚上，当他们洗刷完毕在看电影娱乐的时候，我才拖着疲惫的身子回到宿舍。那时，为了多赚点钱，我找了很多份兼职。最多的时候，我同时做了4份兼职。

就这样，我靠着自己的努力，让自己过得并不差。

每一段认真走过的路都不会白走。现在的我，其实很感谢那时的自己，因为那段时间的经历让我真正体会到什么是坚持，什么是独立思考。

2008年，父亲遭遇严重车祸，让这个破落的家庭雪上加霜。家里的顶梁柱一下倒了，家境变得很艰难。

人生最痛苦的事，莫过于在家人最需要帮助的时候，你却无能为力。

从那时起，我发誓要做一个有能力的人。我不想在家人有困难的时候，我却无能为力。

我开始思考自己毕业后的工作。我想在深圳出人头地，可是跟很多大学生一样，我对自己的人生方向也是一片茫然，不知道自己能干什么。

我首先要给自己找到人生的方向。如何走出迷惘？唯有行动。道理谁都懂，可是很多人依然无法过好这一生。因为知道的人多，而能够做到的人却很少。

所以，在大三的时候，我不断走出去实习。我曾经做过人力资源、销售，做过统计、组装过机器、发过传单……

在换了几份实习工作后，我多了几分笃定，不再像以前那么恐慌。因为我越来越清晰自己的职业定位，似乎对未来越来越有信心了。或许，这就是不断尝试带给我的好处。

因为不甘心过平庸的日子，大四时，我决定和朋友创业。我觉得创业才是最符合自己的发展道路。所以，还没有毕业，我就揣着大学时做兼职存的3万块钱，跟一位朋友创办了一家家教中介公司，为初中生提供家教老师。创业前期，我们没有一点资源积累，既要找老师资源，又要找客户资源。

每一个大学生，都满怀壮志，可是现实总会告诉你，一切没那么容易。

由于经验不足，空有一身的理想，却缺乏实现理想的能力和胆识，每次去找客户的时候，我心中都充满恐惧，不敢跟别人谈合作。另外，不自信、领导力不足，也让我无法让团队成员按要求高质量地实现我的想法。在坚持了半年之后，终因资金短缺，我们不得不停止了运作。

但我很快振作起来。有了这次失败，我知道，有了方向，我还需要能力，还需要脚踏实地才能实现自己的梦想。我知道口才、胆识、人际交往等是我职业成功的关键要素，所以我开始通过行动提升自己这些方面的能力。一份职业，只有具备能力了，才能把它做好，才能取得结果，才能获得职业成功。所以，我为了锻炼自己的口才，每天早早就起来朗诵《世界上最伟大的推销员》。舍友看了我这个状态，都吓坏了，以为我走火入魔了。即使在经济最困难的时候，我依然努力存钱去参加很多培训班。每天坚持训练，让我的口头表达能力得到很大的提升。

我每周还组织对演讲口才有兴趣的深圳朋友到户外去演讲。我曾经到过公园、广场等户外场合演讲。别人异样的眼光没有让我退缩，反而让我更加渴望在他们面前表现自己。

那是一段蜕变的日子。因为我一直知道，要过上跟别人不一样的生活，就要忍受别人忍受不了的苦，做别人不敢做的事！

当你习惯了任何人的眼光，习惯了任何人的打击，习惯了任何场合的讲话，你会发现你慢慢变得自信了。当你自信了，世界都会为你让路。

王石说过，强者就是让不适变得舒适。我始终在挑战自己的不适，直到它变成我的舒适。大学时候的"折腾"，让我毕业一个月后顺利获得了国内一家著名房地产公司的 Offer（聘用通知书），岗位是管理培训生。

进入这家公司后，我开始了还算顺利的人力资源管理职业生涯。选择人力资源工作，是我不断尝试后的结果。而它也最终证明了我的选择是正确的。做这份工作，能够发挥我的优势和特长，让我工作时越来越起劲，业绩越来越好，越来越受到领导的认可。在工作后的那么多年里，我依然没有放弃成长，把周末的时间都交给了各种培训。至今为止，我已花了十多万元去参加各种培训课程。

当你的选择是对的，你所有的努力都会成为一个发动机，让你的发展速度越来越快！

在多年的人力资源管理工作中，我发现我在帮助别人找到工作后会感到非常开心。但在每次面试候选人的时候，也难免会有失落。我看到很多的人，都35岁了，还在频繁地换工作，寻找初级岗位，依然为温饱问题苦苦挣扎，对未来没有一点规划。特别在每年的校园招聘之后，我才发现有那么多的大学生找不到工作。于是，我开始思考自己的未来之路：我想帮助更多的人。

带着工作后积攒下来的钱，经过再三考虑，我决定放弃之前稳定上升的工作，重启创业之路，创办能帮助中国人解决实际问题的职业规划培训机构，以帮助更多中国人找到自己的人生发展方向，提升个人能力，打造个人品牌，从而自信、勇敢地活出自己。当我把这个想法告诉家人及朋友的时候，很多人都感到惊讶，因为他们根本没想到我还会再次创业。然而，我就是想活出自己想要的样子，过上自己想要的生活！

当得知这本书能够出版时，我真的很开心。如果你曾经有过跟我一样的经历，如果你正处于职业发展的迷惘期，如果你想过上自己想要的生活，那你肯定会很喜欢这本书。因为这本书就是写给有梦想、在迷惘中寻找出路的你的。这本书没有乏味的励志语言，只有能实实在在帮助你找到自己的梦想、实现自己梦想的方法。每一篇文章，都有我或者身边的人成功逆袭的故事，也是包括我在内的每一个在大都市的年轻人奋斗的缩影。

曾经每天下班后，我经常码字码到半夜一点，只为了能够每天都跟自己的心灵做一次深度的自我对话。所以，我也希望你在读这本书的时候，无人打扰，这样可以让你也和自己的心灵来一次对话。

我希望你勇敢做你想做的人。

我希望你能够看到不一样的世界，做一次自己未曾做过的事情，体验一次未曾体验过的情绪，交往一些与众不同的人，见识一些你未曾遇到的事。

我希望你将来不会后悔自己的青春虚度，一片荒芜。

我希望你能活出自己最出彩的样子，过上自己想要的生活。

只要你愿意，什么时候都可以。

也许你现在一无所有，也许你迷惘不知所措，也许你没有勇气，但没关系，不管未来是怎样，只要你行动起来！因为只有行动才能靠近你的梦想！

DO YOUR BEST, YOUNG PEOPLE

目录

contents

Part3　**奔跑吧，兄弟！小心绊脚石！**

DO YOUR BEST,
YOUNG PEOPLE

目录

contents

DO YOUR BEST, YOUNG PEOPLE

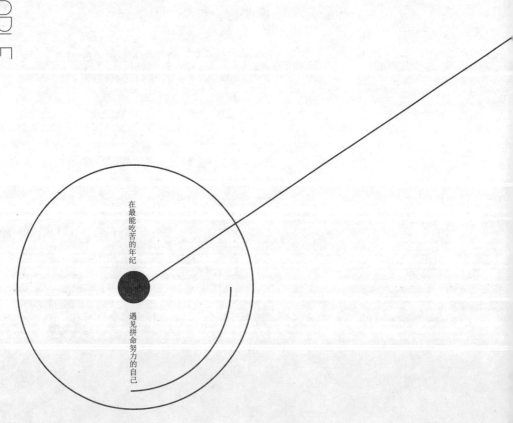

在最能吃苦的年纪

遇见拼命努力的自己

Part 1

世界如此残酷，平庸是条死路

即便你曾经是一块金子，但如果缺乏一颗向上挑战的心，也会黯然褪色为一块铁，甚至甘心堕落为一粒沙子，长久地淹没在沙土里，不被外人发现。这个世界上 80% 的人都习惯平庸，而只有 20% 的人，会挑战平庸，剩下 10% 的人能够击败平庸，你属于哪种？

年度平均工资，你拖后腿了吗？

2015 年，南方人才市场发布了《2014 ～ 2015 年度广东地区薪酬调查报告》。报告显示，2015 年广东地区薪酬增幅趋缓，318 个职业薪酬平均涨幅为 4%。2015 年，深圳平均月薪达 7261 元，广州为 6830 元，分列广东省前两名。相较 2014 年，惠州、珠海则有所下降。

平均工资，是衡量一个地区整体工资水平的指标。因此，每年的数据公布往往都会引发一大波唏嘘。那么，生活在深圳这座城市里的你，面对平均工资，是大幅超越、侥幸过线还是拖了后腿呢？

不管是大幅超越、侥幸过线还是拖了后腿的人，都应该能够感受到这个城市的残酷。

"工资刚发下来，还信用卡就用了一大半，又要靠借钱度日了。"

"衣服都穿了一年了，想去买件新的，可是到商场却发现，一件都要几百块，舍不得啊。"

"想赶赶潮流换个苹果手机用用，可是一个月的工资都不够。"

"想去参加个培训班，可是要经常加班，工资还只是那么一点，根本不够用。"

"刚买了房，要省吃俭用了，从此再也不敢有自己的梦想，再也不敢随便换工作。"

这恐怕是大部分人心中都有过的想法。来到深圳，太多的人都想在这里赚到自己人生的第一桶金，因为这里有太多传奇的白手起家的故事。然而，并不是所有人都能在这里找到人生的归宿。

越来越多的人，在这里迷失了自己。每天，都陷入"上班—吃饭—回家—吃饭—睡觉—上班"的轮回中，想过上自己梦想中的生活简直就是痴人说梦。每个月到手的工资就那么一点，连保证自己有尊严地生活都有点难，更别说存点钱，为以后做点喜欢的事做准备了。

微薄的工资，对于无背景、无技术、无学历的"三无"人员来说，更是难上加难。就算那些高学历的人，也并不是所有人都能够在深圳从容地生活。

一个普通深圳人的生活

深圳的冬夜，一路上灯火渐稀，刘明安从宝安中心回到城中村的家，已经是晚上11点多了。来深圳5年了，每天的生活都是这样过的。他从一个工厂的职员变成了车间班长，工资也从每月3000元涨到了现在的4000元。刘明安对现在的工作还算满意，因为工作不算很忙，晚上他会去宝安中心开车拉客（这是不允许的，可是他的解释是为了多赚点钱，只能偷偷干）。他说："现在我只想多存钱，等有钱了，回家娶个老婆，安安稳稳过一辈子就行了。"

对于未来，刘明安不敢有太多想法，走一步算一步吧。

他身边的朋友大多都没有长留深圳的打算。"消费太高，也买不起房子。"在刘明安看来，在深圳的日子，只是一个接触更多人、做更多事、积累更多资源的"过渡期"而已。

"也许，未来几年都会这样度过吧。拿着几千块钱工资，能存就存一点，家里千万不能出什么意外，一旦出意外，自己恐怕也无能为力了。"刘明安边抽烟边无奈地说。

刘明安恐怕是很多大都市人的缩影。每天干着一成不变的工作，对未来一片茫然，做一天和尚撞一天钟。

深圳生活成本账单

不断攀升的房价和生活压力，正迫使越来越多的人想逃离"北上广深"。不久前，经济学人智库发布了一份关于全球城市生活成本的研究报告。该报告显示，在全球生活成本最高的城市中，中国城市的排名正在上升。作为一线城市，北上广深毫无疑问地上榜了。其中生活成本最稳定的城市是北京，最高的是上海，深圳排在全球第 28 位，排在全国第 2 位。在这里，以深圳为例，让我们来看看在这里到底要月收入多少，才买得起房，安居乐业，"活得像个人"？我在网上找了 2015 年深圳人生活成本账单，让我们一起来看看吧。

计算基准：深圳一手房平均房价 3.8 万元 / 平方米，按常规两房一厅面积 60 平方米计，总房价 228 万元，首付三成 68.4 万元。买房耗费时间以存够首付为基础。

月薪：3000 元以下

房租 / 房贷：800 元。买房干啥？合租关外一房，月租 800 元。

吃饭：800 元。早餐 4 元，中餐 15 元，晚餐自己做，成本 5 元。每月聚餐 2 次，每次花费 80 元。

交通：120 元。坐公交车上下班，来回 4 元。

水电 + 网费 + 电话费：200 元。水电费 100 元，网费 50 元，电话费 50 元。

化妆品 + 护肤品 + 衣服：200 元。

娱乐消费（电影、旅游）：40 元。看电影 1 次，每次 40 元。不旅游。

杂七杂八：100 元。

给父母亲人的钱：不向他们要钱就不错了。

人情交际：100 元。

每月花费：2360 元。

每月结余：640 元。

全年存款：7680 元。

多少年能买房：约 89 年。

月薪：3000 ~ 5000 元

房租/房贷：1000 元。根本买不起房，只能租关内城中村一室 1000 元。

吃饭：950 元。早餐 5 元，中餐 15 元，晚餐自己做，成本 5 元。每月聚餐 2 次，每次花费 100 元。

交通：120 元。坐公车上下班，来回 4 元。

水电＋网费＋电话费：300 元。水电费 150 元，网费 50 元，电话费 100 元。

化妆品＋护肤品＋衣服：300 元。

娱乐消费（电影、旅游）：40 元。看电影 1 次，每次 40 元。不出去旅游。

杂七杂八：100 元。

给父母亲人的钱：暂时还给不起。

人情交际：100 元。

每月花费：2910 元。

每月结余：90 ~ 2090 元。

全年存款：1080 ~ 25080 元。

多少年能买房：27 ~ 633 年。

在最能吃苦的年纪，遇见拼命努力的自己

月薪：5000～7000元

　　房租/房贷：1500元。租关内城中村一房或小区单间，月租1500元。

　　吃饭：1410元。早餐5元，中餐20元，晚餐自己做15元。每月外出吃饭3次，每次花费70元。

　　交通：390元。坐地铁上下班，10个站内来回10元。每月打车3次，共约90元。

　　水电＋网费＋电话费：330元。水电费200元，网费与别人共用50元，电话费80元。

　　化妆品＋护肤品＋衣服：500元。

　　娱乐消费（电影、旅游）：400元。每月看电影2次，共100元。一季度短途旅游一次，平摊每月300元。

　　杂七杂八：300元。

　　给父母亲人的钱：取决于当月剩余多少，通常没有。

　　人情交际：300元。请客1次，约300元。

　　每月花费：5130元。

　　每月结余：0～1870元。

　　全年存款：0～22440元。

　　多少年能买房：31年。

月薪：7000～10000元

　　房租/房贷：1500元。供不起房。租关内普通小区单房，月租1500元。

　　吃饭：约2000元。早餐10元，中餐25元，晚餐自己做20元。每月外出吃饭3次，每次花费100元。

　　交通：约300元。坐地铁上下班，5个站内一天6元。每月打

车 5 次，共约 130 元。

水电＋网费＋电话费：400 元。水电费 200 元，网费 100 元，电话费 100 元。

化妆品＋护肤品＋衣服：800 元。

娱乐消费（电影、旅游）：400 元。每月看电影 2 次，共 100 元。一季度短途旅游 1 次，平摊每月 300 元。

杂七杂八：500 元。

给父母亲人的钱：1000 元。

人情交际：600 元。请客 2 次，600 元。

每月花费：7500 元。

每月结余：0 ～ 2500 元。

全年存款：0 ～ 30000 元。

多少年能买房：22.8 年。

月薪：10000 ～ 15000 元

房租：3000 元。租关内普通小区一房。

吃饭：2000 元。早上 10 元，中午 20 元，晚餐 36 元。

交通：约 600 元。上班 5 元，下班 5 元，不定期打车花费近 280 元。

水电＋网费＋电话费：500 元。水电费合计 200 元，网费 100 元，电话费 200 元。

化妆品＋护肤品＋衣服：1300 元。

娱乐消费（电影、旅游）：200 元。

杂七杂八：200 元。

给父母亲人的钱：1000 元。

人情交际：400 元。一个月 2 次朋友聚会，每次 200 元。

在最能吃苦的年纪，遇见拼命努力的自己

每月花费：9200 元。

每月结余：800 ～ 5800 元。

全年存款：9600 ～ 69600 元。

多少年能买房：10 ～ 71 年。

月薪：20000 元以上

房租：5000 元。租住关内小区电梯房 1 房。

吃饭：1950 元。早上 10 元，中午 25 元，晚餐 30 元。

交通：约 600 元。上班 5 元，下班 5 元，不定期打车花费近 280 元。

水电＋网费＋电话费：500 元。水电费合计 200 元，网费 100 元，

电话 200 元。

化妆品＋护肤品＋衣服：1600 元。

娱乐消费（电影、旅游）：600 元。

杂七杂八：200 元。

给父母亲人的钱：2000 元。

人情交际：1000。一个月 2 次朋友聚会，每次 500 元。

每月花费：13450 元。

每月结余：6550 元。

全年存款：78600 元。

多少年能买房：9 年。

这还是以 3.8 万元／平方米的价格核算的。但是大家都知道，现在深圳的平均房价已经突破 5 万元／平方米了。

当这些生活账单摆在你的面前，你会怎么想？只有月薪达到 20000 元，才可以在深圳活出人样。如果你刚刚毕业，你是否敢有这样的梦想，超越

平均工资，活出一个人样？如果你已经毕业 5 年以上，却依然原地踏步，你是否依然有信心走下去？

我相信很多生活在一线城市的人，都能够感受到这份残酷。

你拖后腿了吗？那你为什么还不改变呢？

30 岁，你甘心降低标准"将就"活着吗?

30 岁，对于人类来说，是一个标志性的年龄。因为到了 30 岁，对很多人而言，毕业都有 5 年以上了。经过 5 年的积累，职业应该是向上发展的时候。在生活上，面临结婚生小孩的问题。而要结婚生小孩，又要面临买房买车的问题。

也许在刚毕业的时候，你还感觉不到压力，因为在职场中你是一只菜鸟，在婚姻中你还是未婚青年，一切都似乎离你还太遥远。你还会对亲朋好友说，30 岁前，我一定要赚 100 万元，30 岁之后再结婚。

如今，30 岁的你，目标达到了吗？你满意你的现状吗？你立业了吗？

据一项调查显示，近六成的 30 岁 "80 后" 薪酬都不高，恐惧家庭责任，其生存状态并不理想，半数频繁更换工作；六成 1980 年后出生的职场人表示，不能承担社会和家庭责任。

为了调查 "80 后" 的生活现状，我制作了一份简单的 "'80 后' 生活现状调查表"，这份调查表只有 5 个问题：

◆ 你满意自己的现状吗?

◆ 你觉得自己未来的方向清晰了吗?

◆ 你对现在的职位、薪酬等满意吗?

◆ 你如何评价你目前的感情生活或婚姻生活?

◆ 如果你可以回到23岁，你最希望自己做的事是什么？

针对这5个简单的问题，我随机调查了100人。在这100人中，年龄都在30~35岁，从事各行各业工作。

调查结果显示，有89人对自己的现状不满意；有75人觉得现在还在寻找未来的方向，对现在的职位、薪酬都不满意；有56人目前还是单身未婚状态，之所以保持这种状态，最大的原因是现在还没有事业的基础，还承担不起这个责任。如果可以回到23岁，他们最希望做的事是赶紧确定自己的人生方向，不要虚度了这么多年，等到了30岁的时候发现自己还在迷惘中。

针对这100人，我还对其中3个人进行了专访，了解他们的心路历程。以下是他们的口述：

人物一：刘阳（男，30岁，平面设计，深圳）

我23岁本科平面设计专业毕业，到27岁，4年的时间，换了4个行业，做过销售，做过品质，做过市场。这4年的时间我都是处于漂泊的状态。27岁进了一家媒体公司，重回专业老本行，干了3年，30岁时才算相对稳定下来。也就是说，我花了整整7年时间，纯粹用在"混口饭吃"这一件事情上了。由于确立自己的专业方向较晚，所以现在还只是个职员，对于买房买车只能是奢望，有了心仪的对象也不敢谈。

职业困惑：三十难立，30岁了还不知道自己喜欢什么，还不知道自己该做什么，人生梦想谈何实现？

人物二：Alice（男，33岁，印刷业，天津）

我在郊区买了一套房，目前的工资不高，没有成就感。目前的工作不是我喜欢的工作，之前一直在留意，想做自己喜欢的工作。现在我想做电子商务，可是一直不敢换工作，因为家里还有妻儿要养，房子还要供。

另外，转行面临着各种资源和经验的重新积累，也未必能够保证成功。在我这个年纪，已错过了选择的好机会。现在，我感觉自己掌控不了自己的命运，一切都在按着命运设定好的轨道在前进。由于过去的"储备不足"，我只好降低标准活着了。

职业困惑：都30多岁了，即使是自己不喜欢的工作，但还敢裸辞或转行吗？

人物三：沫沫（女，30岁，某培训机构老师，深圳）

研究生毕业后，我在家人的安排下，在湖南老家一事业单位做了两年多。后来，我发现这不是自己喜欢的工作，就辞职跳槽了。我来到深圳，应聘了很多家公司。由于我在事业单位的这两年，并没有构建起自己的核心竞争力，加上企业似乎都对30岁的未婚未育女人很介意，很多企业宁可要一个应届毕业的男性，也不要我这个年届30、有工作经历的女性，也许他们认为女性到了30岁左右就要面临结婚生小孩的问题，怕我进去之后就结婚生小孩，这样他们又要招人了，所以，我很长时间一直没有找到合适的工作。

后来，在朋友的介绍下，我终于进了一家只有10个人左右的中小学教育培训机构做老师，工资低得可怜，更别说存钱做点别的事了。我没有核心竞争力，只能靠着读书时候的积累，教学生学习数学。当公司里面的"90后"都充满自信地去做很多事的时候，目前的我，看似随遇而安，实则安于现状，没有理想，没有热情，彻底变得平庸。都说"三十而立"，现在我已经30岁了，却还是不知道自己要做什么，能做什么，只知道自己有一种"三十难立"的恐惧和茫然。想想人生还那么漫长，我真不知道怎么办。

职业困惑：从毕业开始就没有做自己喜欢做的事。当高学历不再是竞争优势，如果在 30 岁前没有积累核心竞争力，那么在 30 岁后就跟应届生差别不大，而随着年龄的增大，你拿什么和他们竞争？

这 3 个人，似乎成了很多中国年轻人的缩影。

在刚毕业的时候，由于没有压力，就得过且过，就算做着不喜欢的工作，没有发展前景的工作，也懒得去换。就这样，一转眼到了 30 岁，发现自己毕业后，除了年龄，其实什么都没有。没有存款，没有技能，没有核心竞争力，没有好的职位，没有男女朋友……

30 岁，你满意自己的现状吗？

我相信 30 岁的你，是不甘心降低标准将就活着的。因为我们有太多的奋斗的理由。有时，一个人活着，不仅仅是为了自己。

我们来看看发生在我们身边的一些故事。

第一个故事发生在一个喜欢过安逸生活的小伙子身上。

小伙子长得很壮实，人也很聪明，可就是有点不大上进。他的理想是每天能够供自己和家人吃饱喝足就好。

有一天，他谈了一个女朋友，双方相互都很喜欢。刚开始，两个人过得都很开心。

很快，两个人就谈到了未来。小伙子说他喜欢过得安逸点，不要那么累。她说：没关系啊，我又不是喜欢你的钱，喜欢的是你这个人。就这样，他们很快乐地相处着。

女孩子的闺蜜都是有钱人，每天在朋友圈发布哪天又去哪里旅游了，又买了哪些化妆品，又在哪家高档的餐厅吃烛光晚餐了。

而他，为了省点钱，周末几乎不出门，从来没带她旅游过，从来没看过一场电影，从来没吃过一次西餐。在朋友圈里，她发布的都是什么时候叫外卖了，什么时候又上淘宝买衣服了。

她很喜欢他，不在乎他是否有钱。可是这是他没有梦想，不奋斗的理由吗？他说他爱她，可是他不知道她在看到朋友圈里朋友们都去旅游了，她其实也很想去，她也想吃高档西餐，穿高档的衣服，可是他给不起。

他甘心将就活着，难道他甘心看着自己爱的人永远都只是羡慕别人吗？

我们再来看看第二个故事。

怀胎十月，辛苦十八载，父母辛辛苦苦把他抚养成人。为了他，他们吃尽苦头，常常早出晚归。

由于家庭背景、文化水平的原因，他的父母不能给他创造令人羡慕的生活，但难道这也是他没有梦想、不奋斗的理由吗？上一辈吃过的苦，他还要继续吃下去吗？

先不说他是否吃苦，总有一天，父母都会老去。人总会有生病的时候，当某一天父母生了重病，被送到了医院，面对巨额医药费，他给得起吗？他其实很想帮助父母，宁愿生病的人是他，而不是他们。他甚至可以用自己的生命去换回他们的生命！

可是这些都没用！他们只希望能够有钱治病。现实是残酷的！他自己都还在担心自己的生活，哪还有钱去帮助父母？

世界上最痛苦的事，就是看着自己最爱的人痛苦而你却无能为力！这种无能为力的感觉，会折磨你一生！

看到父母这样，你还能安心坐在电脑前玩游戏吗？你还能每个月拿着那点工资去吃喝玩乐吗？你还可以整天躺在床上一动不动吗？你还可以每天过着得过且过的生活吗？看到父母这样，你那点累，那点苦算什么？你就是动动手，就是在电脑前敲敲字，就是少玩了一次，这也叫苦吗？

也许你会说，你没有感受过爱情、亲情的温暖。你只想自己开心地活着就好。那我们就来看看第三个故事。

他有很多朋友。毕业之后，他们就各奔东西。大家都为了各自的理想而奋斗。

而他，毕业之后，却嫌这份工作辛苦，嫌那份工作工资低，但从来就没有想过去改变。所以，他对未来根本就没有概念。他觉得生活，就是舒舒服服地过好今天就好，至于明天怎么样，就顺其自然吧！

所以，面对工作，他一遇到困难就放弃了，一觉得苦就放弃了，一觉得不顺心就放弃了！

每天三餐，吃饱穿暖，一个人吃饱，全家不饿！这样的生活挺好！人生何必那么累呢？

慢慢地，时间一天天过去了。有一天，他的同学打电话给他，说很久不见了，大家聚聚。面对同学的盛情邀请，他拒绝不了，他决定赴会。

聚会是在一个高档的五星级酒店。

他坐着公交车到了。等到了聚会点，他发现所有同学都在等着他。他们西装革履，而他，却穿着在街边买的衣服。

大家都在相互诉说着自己毕业后的生活。现在，有的人是公司的老板，有的人是公司的中高层管理人员，有的则是某个领域的专家。大家都买了房买了车，都已经结了婚。而他，却还是个普通的小职员，没房没车没结婚！

面对这样的情况，他欺骗朋友说：我现在是某某公司的经理了。可是，他骗得了别人，骗得了自己吗？

聚会结束后，大家散去。

到了楼下，大家都开着自己的小车。而只有他，是单独一个人坐公交车过来的。大家都非常热情，说要送他一程。

坐在同学的车上，他如坐针毡。他怎能够心安理得地坐在那里呢？

看到大家这样，你还能开心吗？你过去的那点短暂的快乐，现在换来的将是未来长期的痛苦！是未来很长一段时间的迷惘！30岁的你，看看自己的现状，再想想自己最爱的人。这些人，就是你为什么要奋斗的最好的答案。你还会满意现状，甘心降低标准将就活着吗？

如果你的经历跟上面这3位朋友差不多，我相信你是不会满意自己的现状的。

你的起点在哪里不重要，重要的是你将要到哪里去。我们无法选择人生的位置，却可以选择要去的方向。心之所向，所向披靡。心往上，则处处皆路，总有一天会攀上顶峰；心往下，则无路可走，永无出头之日。

你会主动把自己"安排"到较低位置上吗？

即便你曾经是一块金子，但如果缺乏一颗向上挑战的心，也会黯然褪色为一块铁，甚至甘心堕落为一粒沙子，长久地淹没在沙土里，不被外人发现。这个世界上80%的人都习惯平庸，而只有20%的人，会挑战平庸，剩下10%的人能够击败平庸，你属于哪种？

能者上，庸者下。这是大部分企业的用人标准，可是还是有很多人选择了平庸，因为能者太难，需要付出很多。

"我相信命运，不相信我能有出人头地的一天，因为我永远比不上别人，我还是安安稳稳地过一辈子吧。"

于是，你过着没有目标，没有方向，没有规划的人生；

你每天瞎折腾浪费时间，不务正业，只玩游戏；

你不独立自主，老是依赖别人，不学习不吸收信息，没主见，被动地活着；

你得过且过，不思进取，安于现状；

你害怕改变，不敢争第一，甘为人后。

如果你有以上任意一点，那么不好意思，你已经处于平庸的行列或已踏上通往平庸行列的道路。

工作之后，我们接受社会的洗礼。也许，我们毕业时曾梦想着能干件大事，甚至期望能在短时间内做出惊天动地的事情来，可梦想总是很丰满，而现实总是很骨感。生活总是不会朝着我们期望的方向发展，挫败总是不期而至。慢慢地，有些人开始怀疑自己，怀疑自己选择的道路，怀疑自己的能力。久而久之，生活的压力磨灭了年轻时的棱角，也让我们丧失了追求未来的勇气。

出众太难，而平庸太容易。于丹说过"一个人想平庸，阻拦者很少；一个人想出众，阻拦者很多"。更有一些人对不甘平庸并获得一定成功的人充满羡慕嫉妒恨！于是，他们更喜欢和自己一样平庸的人，而自觉或不自觉地提防着、拒绝着出众的人。

当你慢慢加入平庸者的阵列，加入嫉妒出众者的团队，你的生活就会慢慢变得不咸不淡，你就会渐渐习惯平庸。在你的生活里，梦想已变得奢侈；你不再追求看似高不可攀的目标；你不再认为自己可以创造美好生活；你不再有天之骄子的感觉。

生活永远是按照二选一的法则在进行着。你选择了平庸，就意味着你将远离出众。然而，这个世界永远是由出众者领导着。你不出众，就只能永远跟在出众者后面。

那么，到底是什么让我们慢慢地变得平庸了呢？

心理自动排位。很多人都有这种经历：小学时，自己是班里的佼佼者，认为第一非己莫属；初中时，人多了，认为自己能考前十名就不错了。于是，一旦考到前十名，便沾沾自喜；高中时，定的目标更低，即便考试成绩不理想，也会安慰自己：高手这么多，这个成绩已经不错了。就这样，我们一步步从优秀走向了平庸。

在生活中，不会有人告诉我们竞争对手的实力和能力。于是，面对周围越来越多的人，我们开始茫然不知所措，或者妄自菲薄，主动把自己"安排"到一个较低的位置上。

一个男孩子到我曾就职的公司应聘销售。看了他的简历之后，我觉得他的素质和能力整体上来看还可以。于是，我问他在公司的销售业绩怎么样。他回答说，还行。我继续问他，在公司所有销售员中，他排名第几，他说排名第三。我继续追问，怎么拿不到第一啊。他的回答显得实在，却让我诧异：他能力确实就处于这个水平啊，跟第一名还是有点差距。**当我们把自己放在某个位置，我们的水平就真的会处于那个位置；连第一名想都没有想过的人，肯定不会得第一名。**

满足于现状。当肖邦已经是非常知名的演奏家时，他遇到了10年前在街头一起演奏的伙伴，发现他仍在他们当年一起占据的那块最赚钱的地方演奏。伙伴遇到肖邦非常开心，问他现在在哪里演奏。肖邦回答说，在一个很有名的音乐厅。伙伴惊讶地反问："怎么，那里门口也很赚钱吗?"

"最赚钱的好地盘"同样是一个"风平浪静的小港湾"，那位伙伴停留在那里，甚至有些沾沾自喜，却没有意识到自己的才华、潜力、前程都被这块"最赚钱的好地盘"葬送了，从而走上了平庸之路。

接受命运的安排。如果总是被动地面对命运的安排，不能勇敢地挑战，也不能寻找、把握那些摆脱不佳现状的机遇，人就会逐渐染上颓废和沮丧的慢性疾病，在被环境改变了内心颜色之后，最终接受现实。

或许，我们很多人其实都无学历、无背景、无人脉、无技术，从而接受了命运在过去给我们的安排，但过去不等于将来，如果你认为这就是命，那你永远也无法摆脱平庸。

世界如此残酷，平庸只会是死路一条！如果你甘于主动把自己"安排"在最低的位置，就意味着你已经放弃了人生！

人最怕平庸，因为平庸意味着你可以被别人轻而易举地替代。

你为什么成了"毕剩客"？

我曾经做过多次校园招聘的工作。然而，在喧嚣的校园招聘之后，留给我深刻印象的，不是高校多么漂亮，不是旅途多么艰辛，更不是学生多么有热情，而是一连串数字背后的沉思。

2015年高校毕业生749万，比2014年多了22万。在严峻的经济形势下，大学生就业形势变得更加严峻起来。据《2014年中国大学生就业压力调查报告》显示，截至2014年4月底，北京地区高校毕业生签约率为31.5%。临近毕业的时候，大学生签约率不足一半。当然，这或许跟学生主动不就业有关，但更多的是被动不就业。

生活中，有"剩男""剩女"的说法。在职场中，也有了"毕剩客"的说法。毕剩客就是指一毕业就失业的应届毕业生，或者毕业很久都没有工作的人。

"不是学霸，但也不是学渣，为什么我连简历筛选都过不了？"

"过了第一关为什么群面过后就被挤掉了？"

"马上就要毕业了，自己还没有一个Offer，心里越来越慌，特别是看到身边的人一个个都有了去向。"

"为什么总是企业选择我而我却不能选择企业？"

"为什么我喜欢的企业不选择我？"

这些疑问，无数应届毕业生可能都有过。这个现实问题与中国现有的教育体制有一定的关系，因为现在的大学教育大部分都与社会脱节。据调查，现在大学生在学校里学的知识，将来在工作中 80% 都用不到，填鸭式的教育只是让很多学生成了书呆子。这导致很多企业都不愿意聘用大学生。

但还有一个事实是：一般招聘应届大学生的企业都是有一定规模的。这种企业对中国教育模式认识得也比较深，他们招聘大学生并不是希望把他们招聘过来马上就用。大部分企业招聘了应届生后，会有系统的应届生培养计划与方案，会花 3 个月到半年的时间对应届毕业生进行培养，从而让他们能够从学生的角色顺利转向职场角色。

因此，应届毕业生剩下来虽然与中国教育体制有一定的关系，但其实跟个人的关系更大，因为大家都处在同样的体制下，为什么别人拿了那么多 Offer 而你一个都没有呢？这是每个应届毕业生都应该深深思考的问题。

在哲学上有一句经典的话是："你，是一切的根源！"一个不会做事的人，老换工作是不会提升自己的能力的；一个不懂经营爱情的人，老换男女朋友是解决不了问题的。很多时候，我们不要希望去改变别人，改变环境，因为能够改变环境的，都是伟人！无论面对哪种环境，我们唯一能做的就是改变自己。

其实，在现实招聘过程中，我也面临一个非常尴尬的问题：企业招不到合适的人，学生找不到合适的工作。一家研究机构针对国内 100 家企业做过调查，调查该企业在校园招聘中的招聘数量及录用比，结果发现，其实 80% 的企业，都没有达成之前制定的招聘目标。经过深入访谈，这些企业均表示，候选的学生很多，但是面试下来后，适合的很少，只好宁缺毋滥，不能为了达成目标而降低标准招人。所以，对中国的大学生来说，其实机会还是很多的，关键是你是否符合企业的用人要求。

如果你被剩下来了，是否好好想过被剩下来的原因？包括很多工作很多年的人，依然每天拿着简历到处面试，奔波于人才市场，为自己的去留而迷惘地执着。如果你是这种状态，请停止忙碌的脚步，给自己一点思考的时间吧。毕竟，打铁还需自身硬。无论是做人还是职业发展，都应该多从自身找原因，改变自己，把主动权握在自己的手里。你变了，一切就变了。记住，你，才是一切的根源！

王勇和杜军，是从小一起长大的好兄弟。

有一天，王勇告诉我，他和杜军一起考上了北京的一所国家重点大学。那是他们的约定：一起到首都，一起相约那个美丽的校园，一起踢球，然后再一起毕业，还要一起去同一家公司。

摆脱了高考的束缚，两人仿佛脱了笼的鸟。到学校后，他们先纵情地玩了几天。军训过后，他们开始了真正的大学生活：选课—上课—饭堂—宿舍—图书馆—宿舍。

大一，他们真正度过了跟高中一样的生活：每天早早起来上课，然后认真地做着老师布置的作业。晚上，他们还会到图书馆看书。那个期末，他们都拿了奖学金。

杜军善于活在当下，而王勇是个很容易焦虑的人，总在想着以后。所以，从大二开始，王勇就想到了毕业之后的生活。他总想着：毕业后我要是找不到工作怎么办？找不到工作，谁来养我？每次想到这些，他心中的动力就来了。所以，每天他就早早起来，参加学校组织的英语晨读；晨读完之后，就到学校的饭堂去吃早餐；吃完早餐后，就去教学楼上课。

刚开始，他总拉着杜军一起。可是杜军总是在早上的时候，无法起来，因为玩游戏玩到了凌晨4点。久而久之，王勇和杜军越走越远。

大二那年，王勇参加了校学生会宣传部部长的竞选并当选了。他也想把杜军拉上，可是杜军说，他对那些东西没有兴趣。

大二那年，王勇获得"优秀学生干部"称号，一等奖学金，并代表学校参加了一个国际的英语演讲比赛。

大三，在保证自己上课的时间之余，王勇开始更多地走到外面，走到企业，去接触各种行业，接触各种岗位，了解自己的兴趣爱好。

杜军则继续在他的游戏世界，扮演着他的英雄角色。在虚幻的世界里，他得到了最大的满足。

时间如白驹过隙。很快，就到了大学生繁忙的季节。各大著名企业的宣讲会开始铺天盖地地涌向学校。

同学们开始为自己未来的前途奔波。

"杜军，我们去参加华为的宣讲会。"王勇喊着还在梦乡的杜军。

杜军睡眼蒙眬："华为来了吗？我简历还没有准备好呢。"

王勇说："那我先去听了。我等华为已经很久了。"

凭着自己优异的专业成绩、丰富的社团和社会实践经历、良好的口才表达能力，王勇顺利地获得了华为的 Offer。

当他把这个喜讯告诉杜军的时候，杜军淡淡地说了一句："哦，那我也要努力了。"

在大四的第一学期，是宣讲会最多的一个季节，但杜军得到的却是寥寥无几的面试机会，因为糟糕的专业成绩，屈指可数的平淡的实践经历。有几次，他进了初次面试（以下简称"初面"）环节，却在初面的无领导小组讨论中败下阵来。因为杜军根本就不能在这么多人面前自如地表达自己，甚至有时候，面对队友们侃侃而谈，他只能沉默以对。机会就这样一次次浪费了。

很快，就到了毕业时刻。王勇早早就做好了毕业设计，等着拿到毕业证就去报到了。而杜军才开始慌了，因为工作还没有着落，还要忙着做毕业设计。想着毕业后的种种不确定，他变得越来越忧郁了。

原来，所有的过去，都在慢慢地让我们成为今天的自己。

很多大学生，在毕业之后，才开始急着找工作，每天早上早早起来参加各种宣讲会。结果，投出去的简历如石沉大海。即使侥幸进入面试环节，在第一轮群体面试厮杀后，也再没了音讯。

于是，你开始抱怨，为什么自己那么努力，却总是不被企业看上。可是你却不知道，今天找工作的种种被动，有可能就是过去自己的选择。在别人都在做职业规划的时候，你却不以为然，认为企业会帮你做好职业规划，然而企业喜欢的都是对未来有清晰规划的人；别人在大学暑假参加各种实践时候，你却躲在宿舍里玩游戏，认为等工作的时候自然一切都会熟悉，然而企业喜欢的是有实践经历的人；别人在外面参加培训，锻炼自己的口才，而你却整天封闭自己，不愿与人交流，就算得到了面试的机会，也一句话不说，企业会要你吗？

从某种意义上来说，你今天的选择，将决定 3 年后的生活状态。

有 3 个人要被关进监狱 3 年，监狱长答应他们 3 个一人一个要求。

美国人爱抽雪茄，要了 3 箱雪茄。

法国人最浪漫，要一个美丽的女子相伴。

而犹太人说，他要一部与外界沟通的电话。

3 年过后，第一个冲出来的是美国人，嘴里鼻孔里塞满了雪茄，大喊道："给我火，给我火！"原来他忘了要火了。

接着出来的是法国人。只见他手里抱着一个小孩子，美丽女子手里牵着一个小孩子，肚子里还怀着第 3 个。

最后出来的是犹太人，他紧紧握住监狱长的手说："这 3 年来我每天与外界联系，我的生意不但没有停顿，利润反而增长了 200%。为了表示感谢，我送你一辆劳斯莱斯！"

这个故事告诉我们，什么样的选择决定什么样的生活。今天的生活是由 3 年前我们的选择决定的，而今天的抉择将决定我们 3 年后的生活。

从某种意义上来说，我们的未来不是别人给的，而是我们自己选择的。

很多人会说：我命苦啊，没得选择啊。为了生活，为了养家，我每天必须做着不喜欢的工作，更不敢随便改变。表面看起来是很多条件限制了你，导致你没得选择，但那是因为你没有去创造条件，总是在等待，所以永远都没得选择。

其实没得选择是伪命题，因为没得选择本身就是一种选择。只不过是你选择了你不想要的而已。在你觉得没得选择的时候，其实你可以做很多事情，让自己变得有选择。在工作中，你可以选择为客户服务更周到一些，对同事更耐心一些，对工作更细致一些，对情况更了解一些，对领导交办的事情更用心一些……当你选择了这样做的时候，你会慢慢发现，你的选择越来越多了。

你选择什么就会得到什么。读书的时候，我选择参加各种学习和培训，所以我比同龄人成长得更快，我对社会的认知更深。如果我跟很多同学一样，整天玩游戏、睡觉、拍拖，或许，我现在过的生活，就是玩游戏、睡觉、无所事事。

你可以选择把这辈子最大的辛苦放在最年轻的时候，也可以三天打鱼，两天晒网，等到了中年时再说。只是到了中年，正是一个人一辈子压力最大的时候，上有老下有小，如果在那个时候碰上职业危机，实在是一件很苦恼的事情。与其如此，不如在 20 多岁 30 多岁的时候吃点苦，好让自己中年活得从容一些。你可以选择在温室里成长，也可以选择到野外磨砺；你可以选择在办公室享受空调的工作，也可以选择在 40℃ 的酷热下，去见客户。只是，这一切最终会累积起来，引导你到你应得的未来。

有时候我们无法选择自己的出身和环境，但可以选择把自己的事做得更好，而最终改变命运。积极的心态，可以造就幸福的生活。

所以，不要抱怨现在生活有多差，因为一切都是你以前的选择造成的。

如果你不在刚开始就找到自己的人生方向，那你 30 岁就不可能达到自己的目标；如果你刚开始就不做自己喜欢做的事，那你 30 岁就不可能做自己喜欢做的事；如果你刚开始不存钱，那你 30 岁就不可能存够自己想要的钱；如果你在刚开始就不注重学习，不提升自己的核心竞争力，那你 30 岁就不可能有核心竞争力。

30 岁前，如果你还没确定自己的人生方向，就会造成你 30 岁的被动，35 岁的迷惘，甚至 40 岁的恐惧。

不出去走走，你会以为这就是你的全世界

曾经，我以为，我所能看到的，就是这个世界，直到那一天。

一天，我参加了一个创业论坛。

去之前，我以为我不会是参会者中资历最浅的那一个，但现实却给我重重一击。

到那里后，我就跟现场很多创业的朋友聊起来，想了解他们的产品和服务是什么。

A 君是一个 1988 年的男孩子，16 岁开始出来工作，刚开始在酒店里做服务员，扎扎实实地在那里待了 3 年，之后跟朋友一起开过餐厅、做过装修、跑过货车。前几年，他自己在一家民营医院承包了一家餐厅，并成立了一家清洁公司。以前回家，他都是坐着大巴，去年回家，他就开着一辆别克君威了，着实威风了一把。

B 君是一个 1992 年的 IT 君，目前是一家互联网公司 CEO。他在 2010 年世界青少年"科学世界杯"大赛上获得了一等奖，目前公司已经开始盈利，正在寻求融资扩张。

C 君是一个 1990 年的女孩子，外表温柔可人，可在职场中却是刚强无比的"铁娘子"。她在大学毕业后就创办了自己的传媒公司。目前，

她的传媒公司已获得了风险投资 1000 万美金的投资。

当同龄人可能还在玩命泡吧打游戏时，他们已经站在人生之巅。

我曾经怀疑过那些一夜成名、年纪轻轻就获得无数殊荣的青春奋斗故事，因为我曾经的世界不是这样的。在我的身边，到处都充斥着虚度青春和碌碌无为的人和故事。所以，当我比这些人稍微努力一点，工资比他们稍微高一点，比他们稍微成熟一点，我就开始满足了。

原来我这么多年的努力，只不过比身边那些根本就称不上努力的人多努力了一点点而已。然而，身边的人并不属于那个世界，那个比他们还大了几十倍甚至上百倍的世界，那个常人所不能想象的精彩世界。

曾经有一个学员跟我分享了他的故事：

他毕业于国内一家重点大学。毕业后，在自己的努力下，进入国内一家 500 强企业。在那家企业，用他的话说，他可谓"平步青云"，从助理做到专员，再做到现在的主管。

可是有一天，当他再次和已经 3 年没有见面的同学聚会时，他才突然醒悟，这么多年，自己取得的那点"成就"，根本就不算什么。在聚会的那些同学里，有身家过亿的，有在大企业做中高层的，有已经在自己所属领域获得无数荣誉的。

他说，这么多年来，他一直在自己的圈子里活动。周围的人，都跟他差不多，甚至有很多比他还差的。就这样，他以为自己已经很努力了，以为自己取得的成绩已经很让人骄傲了，以为已经达到了自己的目标了。走出去之后，才发现自己还在山脚，而很多人已经到了山腰甚至山顶。

你是否曾有过这样的经历：

在刚毕业的那年，你获得的工资足以让你骄傲，因为跟身边的人相比，你比他们工资高，尽管只高了几百块钱。可是有一天，你从一个同学口中得知，他有个朋友刚毕业就拿到了上万的工资。

在你努力工作后几年，你的工资比刚毕业的时候涨了两倍，你感到满足了。因为身边的很多人，还在为一日三餐终日奔波。

可是有一天，有个朋友告诉你，他的一个跟你同龄的朋友，现在已经是一家上市公司的老总了。

当身边的舍友整日把自己锁在宿舍里玩游戏，而你也睡到中午，吃完饭后，便努力投入工作中。你窃喜，因为你比他们更加努力。可是有一天，你看到一个朋友是这样的工作状态：周末早上早早起来，去公司准备项目合同。然后下午去客户那里谈判，晚上再陪客户吃饭。当他拿着签好的合同回到家时，已经是晚上 11 点了。

你以为你很努力了，突然有一天，却发现自己根本就没有成长。你身边的人，依然是那个状态。而那些你根本就不知道的世界里的人，早已在享受着成功者的喝彩。

眼光的局限，是人类最大的弱点之一。当你长期坐在一个天井里，你就会以为这个世界就跟这个井口一样大。

人是很容易受影响的动物。你身边的人和事物会影响你对这个世界的判断。因为身边的人都是打工的，所以你根本就看不到创业者的世界；因为身边的人总是在睡懒觉，在日复一日地虚度光阴，所以你就以为人生就该这样度过；因为身边的人都喜欢去网吧玩游戏，所以你就以为人生就是及时行乐。

可是你不知道，更多的人，在努力地改变自己。他们每天都在为梦想奋斗着，每天都在做着让自己成长的事情，这是你看不到的世界。

有个女孩子写信告诉我，说她被男朋友甩了。她很伤心，因为她很爱他，而且认为再也找不到像他这样的人了。我告诉她，那是因为她的眼睛只盯在了他的身上。他身外的世界，她从未涉及，所以她以为这就是她的全世界，而实际上帅哥满大街都是。

你从未触及的世界，或许才是真正精彩的世界。

你的眼界决定你会成长为什么样子

有一个乞丐，整天在街上乞讨，对路上衣着光鲜的人毫无感觉，却嫉妒比自己乞讨得多的乞丐——他这一生只可能是个乞丐了；有一个普工，整日为了一日三餐而辛苦劳作，对那些住豪宅、开豪车的人毫无感觉，却对身边的同事工资比他多几百块钱而耿耿于怀——他永远都只能做普工了。

很多时候，眼界决定了我们会成长为什么样子。

在我们的身边，有越来越多的宅男宅女，整天蜗居在自己小小的世界里。所以，电脑、游戏、网络便成了他们的全世界。所以，他们就整天与虚拟世界为伍，与时间的虚度者为伴。看到身边的人都是这个样子，他们也不着急，但实际上，已经跟外面那些最优秀的人的差距越来越大了。

走出圈子，看到大世界

很多人在自己的小圈子里，津津乐道着自以为是却微不足道的成绩，导致自己一辈子无所作为。所以，只有走出这个小圈，才能看到外面精彩的、更大的世界。

经常走出去，参加各种社交活动。很多人，一辈子都没参加过什么社交活动，每天早上起来上班，晚上回家吃饭，然后周末在家里宅两天，周一又开始上班的循环。

其实，平时上班没时间去参加活动，但是周末一定要给自己一天的时间拓展人际关系。在大中城市，免费的活动很多，可以约朋友出来打打球，也可以三五个人聚聚餐，还可以参加一些免费的甚至是付费的论坛、培训、讲座等。

我以前是一个宅男，也曾经沾沾自喜于曾经取得的成绩。但是有一天，我走出去后，才发现原来外面的人比自己牛多了。而且，在跟那些人聊天的过程中，你会发现很多不一样的东西。

对于那些有家庭有孩子的人来说，可能没那么多时间参加社交活动，但最好也要多带孩子出去逛逛，比如可以到书城看看书，到各处了解一下风土人情，会让你发现不一样的生活方式。

不要跟那些负能量的人比较。每个人的价值观和生活信条都不一样，有的人崇尚及时行乐、虚度时日；有的人崇尚努力奋斗、积极进取。如果你不想平庸地度过一生，那就不要和那些崇尚及时行乐、虚度年日的人比较。如果他们整天在网吧玩游戏，你不要以为不玩游戏就已经很好了，你还要比他们多努力几十倍。因为外面有些人，比他们努力一百倍，才成就了自己的梦想人生。

多结交一些比你优秀的人。以最优秀的人为标杆，你才能成长为最好的自己。

培养自己的核心竞争力。我不止一次谈到，每个人都要学会有意识地培养自己的核心竞争力。只有你的核心竞争力，才能让你跟别人有所区别，才不会让你轻易被人替代。当你的核心竞争力培养起来后，你会发现，你的眼界会变得大起来，因为你能够做的事情越来越多，能够做好的事情也越来越多，你的责任也越来越大。一个人的责任越来越大的时候，他便不会是"只管自己门前雪，哪管他人瓦上霜"了。

至于如何培养自己的核心竞争力，主要有3个途径：第一，专注一个领域，然后不断积累工作经验，用时间来打造自己的核心价值；第二，做自己最擅长的事情；第三，加强学习，多与比自己能力强的人交流，先模仿再总结提升。

你不出去走走，就会把自己限定在一个小圈子里，你的格局可能就只有这么大。走出去，看看那些更牛的人是怎么生活的，然后试着看看自己是否也可以这样生活。或许，你能够成长为更好的自己！

你的"平庸"系统需要更新换代了

现在很多上班族，累得跟狗一样。每天早上起得最早，然后坐一个多小时的公交车到公司上班，晚上加班到八九点，回到家里都已经 10 点了。每天这样的生活状态，是你内心真正想要的吗？如果不确定，你可以找个空闲的时间，找个安静的地方，回想一下自己过去的生活，检视一下目前的状况：

1. 你对目前的工作满意吗？

2. 你目前的工作令你觉得充实并有安全感吗？

3. 你觉得现在的生活是你理想中的吗？

4. 你愿意再继续目前的工作 20 年吗？

5. 你会让你的孩子长大后，也像你现在一样做这种工作吗？

6. 你的另一半总是抱怨家里没有足够的钱去做想做的事吗？

7. 你认为目前的工作没有未来或者厌恶它并对此感到无奈吗？

8. 不是很喜欢目前的工作，但迫于生活，没有办法。

9. 我不能甘于平庸，安于现状。

10. 我不能看着逐渐年老的父母亲担心自己，让他们过着不安稳的生活，每天都要面对只有愁苦而没有快乐的日子。

11. 我不能就此屈服于现实生活，而不努力改变现状，过上富足的生活。

12. 我不能接受只有失败没有成功的人生。

13. 买房压力和供房压力像块大石头压在我的胸口。

14. 为子女的教育费用和将来子女的工作问题发愁。

15. 不甘心一辈子打工，却又苦于创业无门。

16. 工作很多年后却原地踏步，升职无望。

17. 工作多年后还不知道方向在哪里，每天漫无目的地过日子。

如果对 1 ～ 5 题，你的回答是"不"，对 6 ～ 17 题，你的回答是"是"，那就说明你对自己的现状是不满意的，那么你就要思考你的生活是否需要改变了。

如果你对现状不满意，你想改变吗？你会怎么做呢？你做好了改变的准备了吗？面对这种现状，你有两种选择：

第一种选择是安于现状，保持现在的状态。如果你是这种选择，那请放下这本书，离开，因为这本书不适合你。这本书是专门为那些想改变现状，找到方法和出路的人写的。

第二种选择是你会寻求改变。或许，许多人会说："我很想改变，可是我不知道从何改变""我改变了，付出行动了，可是却效果甚微，甚至越来越差""努力了却没有结果，真的不想改变了，感觉好累，还是维持现状吧"。如果你是这种情况，没关系，只要你心里还对未来充满希望，你还想通过努力去改变自己，不管你曾经付出了多少努力却没有结果，这本书会帮助你。

只要敢于蜕变，你一定可以成长为最强大的自己。

曾经，我也是一个不自信、不敢在公众面前讲话的胆小鬼。上大学之前，我就是个书呆子，曾一度认为自己除了读书好、写作好之外，在其他方面一无是处。高中时的抑郁曾经让我一度想放弃，所幸想到家人养自己那么大，还没有报答他们怎么可以放弃呢？于是，我靠着悟性，凭着自己不甘于现状的心和"凭什么别人可以而我不可以"的好强性格，不断逼着自己去改变，克服自己的惰性，改变自己不敢当众说话的恐惧，改变自己性格中较难改变的部分，去做曾经不敢做的事，别人不想做的事。就这样，一度自认为不会管理，我还是做了上市公司的人力资源经理；曾认为自己不敢创业，我却从大二时就拿着袜子逐户敲开大一新生的宿舍门，向他们推销军训用的袜子。迎着他们异样的眼光，我感受着为什么同是大学生，我要去不断求别人买东西的那种身份的卑贱感。而就是这样的经历，让我养成了"想做就做的风格"，只要自己认定的事，就一定会想办法达成。

所有那些曾经让自己"丢脸"的事，如今却成了我成功的垫脚石。这种"成功"在于，蜕变之后才发现，原来自己可以变得比想象中的还要强大。

蜕变必问自己的 3 个问题

第一个问题：这一辈子，我靠什么在这个社会上体面地生活？如果你没有别人不可替代的东西，你就无法获得你想要的东西。

读大学的时候，我常常走过学校西门的天桥，去人人乐超市买东西。那时，天桥上总是坐满了乞丐。由于每天都路过这里，这些乞丐并未引起我的注意。

有一天傍晚，路过天桥的时候，我突然看到一个乞丐。他之所以引起我的注意，是因为每次有人经过他面前时，他都会不断地磕头，而且磕得很响。

当经过他时，我并没有停下脚步，但我走到天桥的另一边回过头来看他时，却很震惊。他 40 多岁，身体很健壮，而且四肢健全。

我完全不明白一个四肢健全的人，为什么会出来乞讨。不管现在乞丐是否有钱，我始终认为，去乞求别人的人，是很卑贱的，况且还是一个四肢健全有劳动能力的人。

在此后的一个月里，我的脑海里总会浮现那个乞丐乞讨的画面：一个没有一技之长的人，只能靠着别人的怜悯来获得生存下去的机会。如果你没有别人不可替代的东西，你凭什么获取你想要的东西呢？就是从那时起，我开始很认真地考虑构建自己的核心竞争力，让自己变得不可替代。

第二个问题：如果这辈子维持眼前这种现状，我甘心吗？每个人都有自己想要的生活状态。有人喜欢躲在深山，过着与世无争的居士生活；有人喜欢在大都市，看尽人间繁华，品尝人生酸甜苦辣；有的人喜欢"与天斗，与地斗，与人斗，其乐无穷"的生活。但每个人在不同阶段的想法是不太一样的。可能你正过着居士的生活却向往大都市的繁华。所以，问问自己，如果这辈子维持眼前的现状，你甘心吗？

第三个问题：为了过上自己想要的生活，我是否能够忍受别人所不能忍受的痛苦？很多出门在外打拼的人，都是一穷二白的。如果你不比别人起得早，不比别人睡得晚，不比别人干得多，不比别人多吃苦，你觉得你有机会站在比你优秀的人面前吗？所以，要过上你想要的生活，你是否能够忍受别人不能忍受的痛苦？

没有人可以随随便便成功，不经历风雨怎么见彩虹。吃得苦中苦，方为人上人！每一个有成就的人，都要经历痛苦的磨炼，才能够活下来。你准备好了吗？

蜕变或许痛苦，不蜕变将意味着结束

在一次培训课上，一位同学讲了这样一个故事：

老鹰是长寿的鸟类，它的寿命可高达70年，可谓"高寿"。但要活那么长的寿命，它在40岁时必须做出困难却又十分重要的决定。

当老鹰活到40岁时，它锋利的爪子开始老化，无法有效地捕抓猎物。它的喙变得又长又弯，几乎碰到胸膛，不再像昔日那般灵活。它的翅膀开始变得十分沉重，因为羽毛长得又浓又厚，这让它飞翔得十分吃力，雄风不再。

它不得不面临两种选择：一种是等死；另一种是经过一个十分痛苦的更新过程——150天漫长的"修炼"。

它必须费尽全力奋飞到一个绝高山顶，筑巢于悬崖之上，停留在那里，不得飞翔，从此开始过苦行僧般的生活。老鹰首先用它的喙用力击打岩石。这是个十分痛苦的过程，也是个反复流血的过程。但由于它有着强烈的再展雄姿的意志，所以再痛再苦，它依然坚持到底，直至它的喙完全脱落。然后，老鹰静静地等候新的喙长出来。新喙长出，代表老鹰已经成功了一半，真可谓"万事开头难"。之后，老鹰就用它新长出的喙把爪子上老化的趾甲一根一根地拔出来。当新的趾甲长出后，老鹰再用它们把那些沉重的羽毛一根一根地拔掉。以上自我"虐待"、自我"煎熬"的过程，老鹰需持续5个月。5个月后，新的羽毛长出来了，老鹰一生一次"脱胎换骨"的工程便告结束。这时，老鹰又开始飞翔。无限广阔的大地，再次成为它的天堂。它"重生"后，寿命可再添30年！

蜕变，是一个破茧或是焰炼、升华的过程。蜕变是美好的，因为会带来大的改变。蜕变也是痛苦的，但痛苦的蜕变也是成长的契机。就像一条毛毛虫蜕变为一只美丽的蝴蝶；一只蝉蛹蜕变为金蝉，每一次蜕变，都是生命的升华。

破裂，是蜕变的开始。如果我们感到迷惘，能力停滞不前，事业无法突破，家庭经济压力过大，那是时候蜕变了，因为只有蜕变才能升华我们的生命。

我是个非常容易焦虑的人，对未知的未来更容易焦虑，所以我要做很多事情，来提升对未来的掌控力，这样才能降低我的焦虑感。或许，这是我性格使然；又或许，这也是我那么喜欢职业规划的原因，因为它能够降低我对未来不确定性的焦虑感。在我没找到自己的方向时，我经常不断思考：我的未来在哪里？如果我继续毫无目的地生活下去，我有能力在家人最需要我时给他们最大的帮助吗？因为我是个不甘平庸、不满足于现状的人，所以，我一直在努力寻求改变。

思想决定行为，行为决定结果。如果我们要改变结果，首先要改变行为；要改变行为，就要改变我们的思想。

科学家和心理学家研究发现，计算机就像我们人脑的模型一样。如果我们的大脑就是一台计算机，那么我们的思想就是软件程序。一旦安装了新的程序或者删除了旧的程序，电脑的指令就会不一样了。如果我们的大脑能像电脑升级或删除软件一样，只要改变我们的思想，就能让我们的行为发生根本变化，那结果可能就会完全不同。

如果把我们的大脑与计算机做比较，就说明改变的困难。很多时候，大脑就跟计算机一样，有些程序落后了，不适合我们了，可是却无法升级，这时就需要忍痛卸载这些程序，重新装上想要的程序，让电脑拥有不同的功能。

人也是一样的。当我们不满足于现状，想要做出改变时，**我们就要学会删除或者添加各种需要的程序，例如，删除懒惰、恐惧、自卑等导致我们平庸的程序，用勤奋、勇敢、自信等程序代替这些不良程序**。这个过程是痛苦的，因为这是个蜕变的过程。然而，就算很难，我们还是有很多办法，比如这本书就可以帮助你，只要你认真研读并实践书中的各种原则、方法与工具。

蜕变是痛苦的，但不蜕变就意味着结束。不在迷惘中沉沦，就在迷惘中崛起。面对种种不如意的现状，你可以选择安稳，但这会让你陷入墨守成规的老套路中。如果你不主动求新求变，就会在不断前进的生活大潮中越来越尴尬和被动。

当你的人生系统被越来越多的"平庸程序"占据的时候，就是时候更新换代了。只有敢于删除那些令你"平庸"的程序，才能让你走出平庸，蜕变成最好的自己！

如何过一生，临终才不悔?

曾经有一段时间，一个"临终前你会后悔的事"的帖子在国内外网站上被疯狂转载，瞬间点醒了数万人。其作者是美国一名叫博朗尼·迈尔的临终关怀护士。文中总结了生命走到尽头时人们最后悔的 5 件事情。其中，"没有注意身体健康""没能谈一场永存记忆的恋爱""没有留下自己生存过的证据"等，都成了人们的"人生至悔"。那么，活着的我们又该如何拥有一个不遗憾的人生呢？

因此，别让下面这些后悔，变成你的后悔：

最后悔的第一件事：没有勇气过自己真正想要的生活。 人们临终前最常说的一句话就是："人这一辈子啊，太短了。"有人削尖脑袋往上爬，有人辞官归故里；有人自甘平庸，也有人孜孜以求。人生有很多活法，千万别被别人的价值观"绑架"，不要把别人希望你过的生活当作你想要的生活。想谈恋爱，现在就行动吧；想学点什么，现在就开始吧。人生就像个旅行团，你已经加入了，不走完全程，岂不可惜？

最后悔的第二件事：没有实现梦想。 当人们在生命尽头往回看时，往往会发现有好多梦想没有实现。"真正的后悔，其实不是因为没有实现梦想，多半是责怪自己没能尽 100% 的力量实现梦想。"坚持梦想是一件"知易行难"的事。一个没有期限的梦想只是个梦，给梦想加一个"截止日期"，把它变成现实的目标，才更容易实现。

最后悔的第三件事：没有注意身体健康。 年轻时，身体是可以肆意挥霍的资本，所以人们常常熬夜、喝酒、抽烟……健康是这样一个东西，你拥有它的时候往往感觉不到它的存在，失去的时候才发现，它是那么的重要。从现在开始，努力改掉一些坏习惯，为自己和身边的人健康生活。

最后悔的第四件事：没有勇气表达自己的真实意愿，而是长期压抑愤怒与消极情绪。 我们怕得罪人，怕给别人添麻烦，在意别人的看法，这样就会在无形中漠视了自己的真实意愿。其实，无论什么时候，都该说出你真实的想法。只要愿意沟通，你会发现，事情比你想的简单得多。

最后悔的第五件事：没有留下自己生存过的证据。 很多人觉得，留下房子、财产就是生存过的证据，其实不然。既然在这个世界上走过，总该有些精神食粮留给后人。不管是工作、研究、学业上的成就，还是写给亲人、朋友的信，都是这样的"证据"。活着，绝不仅仅是显示寿命的一个数字，而是你活着的质量。有一个癌症晚期病人，他把生命仅剩的 3 个月，分成了许多个周期，每个周期做一件想做的事情。哪怕只剩一天，都用来过最好的生活。这就是活着的"证据"。

人这辈子，能够顺利走完人生的每个阶段，已属幸运；可是，如果就为了满足一日三餐，这和其他动物有什么区别？人与其他动物的最大区别，是不仅仅让自己生存下去，更重要的是，能够活出自己的真正价值。

最好的活法是爱、工作、休闲、学习的平衡发展

这 4 样东西，构成我们一生的全部。如果能够做到平衡发展，我们此生一定不会有所遗憾。但很多人在利用这个模型的时候，存在很多误区。具体如下：

误区一：平衡发展意味着时间的平均分配。平均就是绝路。我们想要获得人生的平衡发展，绝对不能走平均主义。因为平均只能让你每一样都平庸。

误区二：平衡发展意味着无论人生哪个阶段，都要注重这 4 项要素的发展。其实这 4 项要素，是我们人生阶段的产物。有些要素在某些阶段会非常重要，但在另一阶段，就显得不那么重要了。例如，在我们成长的阶段，学习是必需的，但是到了退休阶段，学习未必是必需的。虽然有"活到老，学到老"的说法，但人退出职场之后，休闲就成了他的主要任务了。

误区三：必须牺牲某一项才可以获得其他项的发展。在国家经济发展的过程中，环境的污染似乎是不可避免的。这是很多人的看法。然而这种想法，恰恰是当今环境污染的元凶。当我们的经济发展起来后，却发现环境已经不可以恢复了。这就是"自杀式"发展模式。

在职场中，很多人也在犯这种错误。例如不顾身体健康，加班加点工作；

为了拿下订单，陪客户喝酒。结果往往钱赚到了，身体却垮了。这就是我们说的"有命赚没命花"，虽然说得有点重，但是很多人都会这样，往往在身体垮了之后才后悔不已。

那么，我们该如何做，才能让自己一生无悔呢？

按照"生涯平衡发展理论"，我们必须要在爱、工作、休闲、学习四方面平衡发展。但很少有人能够在四方面都取得均衡发展，这是我们不得不面对的事实。

比如，一个工作上的女强人，或许她能够在事业上取得很大的成就，但却可能很难顾及家庭，这也会让她感到遗憾；一个学生在读大学的时候，谈了一段轰轰烈烈的恋爱，让自己的大学生活无悔，但或许他过于投入恋爱生活，导致成绩不理想，没拿过奖学金，这也会让他感到遗憾。

一个人之所以会后悔，往往有 3 种原因：

没有行动。很多时候，我们会后悔，不是因为我们做得不够好，往往是因为跟别人对比之后，才让我们感到后悔。譬如，一个朋友创业，开了一家公司，10 年后，实现了自己的人生价值。当你看到自己的朋友取得了这么大的成绩，你可能会说：当年我也有这个想法，如果我行动的话，估计我也能取得这样的成就，为什么当初我就不去做呢？

行动了，结果却不如预期。人生其实就是一个选择的过程，你的选择会决定你的未来。比如在进行职业选择时，刚毕业时，你可能面临就业、出国、考研三种选择。每一种选择，都会导致不一样的人生。譬如选择了出国，本来你是为了给自己增加人生经历，为你以后的职业选择增加筹码，但出国后却发现，这段经历并不能给你增加多大的筹码，而且回国之后，别人也并不因为你出了国就认为你有多厉害，这时你往往会懊恼当初的选择。

对当下的选择会导致的消极结果没有充分的准备。现在很多人做事走一步算一步，根本就不管以后的结果是什么。其实，我们所说的"想做就做"，不是要你不考虑后果，而是建立在对结果清晰判断的基础上，这就是我们为什么要做职业规划的原因。只有了解自己，了解社会，才能想做就做，而不是盲目地追求所谓的"自由"。

我们无法控制未来，也无法预知未来的结果。我们唯一能做的，就是做最好的自己。所以，要让自己不后悔，我们可以从以下几方面着手：

从事一份最喜欢的工作。这份工作，或许是你的兴趣，或许符合你的价值观，或许是你最擅长的。但总的标准是，你在从事这份工作的过程中，能够感受到快乐。

在人生的不同阶段，每个阶段的主要任务，要有一样是出色完成的。不同的人生阶段有不同的任务，如果这个阶段的主要任务你没有很好地完成，一般都会产生后悔心理。这时，人们通常会寻找一些东西来补偿，让后悔的感觉减轻，这就是"后悔补偿机制"。

例如，为了开发一个新客户，你可能会请他吃饭，每天打电话问候他，周末还会请他出来聊天。结果花了半年的时间才跟他签约，但金额却比你预期的少了一半。这时，你肯定会后悔自己花了半年的时间才签了那么点金额，但是你内心马上就会有另一个声音冒出来："还好最终成交了，虽然金额少了点。"这个声音让你的后悔感降低了。

在人生发展平衡理论中，每项要素的后悔补偿值都是不一样的。这个后悔补偿值，简单点讲，就是你为了做成一件事，就算没有做成另一件事，你也会了无遗憾。后悔补偿值越大，这件事的价值就越大，就越值得你去做。

在爱、工作、休闲、学习这4项要素中，每项要素的后悔补偿值都不一样，而且因人而异，这要看你重视什么，与你的价值观有关。如果你无法平衡这4项，至少要有一样是出色的。这4项要素的价值是不一样的：工作是实现自我的方式，爱是前进的动力，休闲是保证充沛精力的方式，学习则是实现自我的保证。如果你无法取得事业上的成功，那么就要尽量追求家庭的成功。一个幸福的家庭，也能在年老的时候，让你没那么多遗憾。当然，这4项要素是相互联系的，理想的状态是这4项都能够成功。

立刻行动，方得永生。行动才有结果，行动才有改变，行动才能让你无悔终生。人生最痛苦的事，不是失败，而是还没有开始，你就宣告结束了。

你生下来，不是只是象征性地走一遭。你要活得更有意义，更有价值，你就必须做点事情。

别让恐惧阻碍你，别让自卑缠着你，接受你不能改变的一切，改变你能改变的一切，用一颗强大的心，去过你想要过的生活。

汪国真说过："我不去想，是否能够成功，既然选择了远方，便只顾风雨兼程；我不去想，能否赢得爱情，既然钟情于玫瑰，就勇敢地吐露真诚；我不去想，身后会不会袭来寒风冷雨，既然目标是地平线，留给世界的只能是背影；我不去想，未来是平坦还是泥泞，只要热爱生命，一切都在意料之中。"

你配得上你想要的生活吗？

我有一个朋友。那年，他19岁。带着父亲那句话"活出个人样来"，他踏上了大学求学的征程。

第一次来到国际大都市，第一次看到这么繁华的闹市，第一次知道原来这个城市的晚上是这么漂亮，灯火通明，第一次和同学玩通宵，点杯咖啡就可以聊到天明。他告诉我："原来，我的生活还可以这么过。"高中时，我们曾经早上5点就起来背书，晚上12点才睡觉。那是一段和书做朋友的时光。我们那么辛苦，不就是为了考上自己梦想的大学吗？如今，目标实现了。

可是有一天，当他登上学校最高的科技楼，看着这个望不到边的城市，车水马龙，高楼耸立，灯火辉煌，才突然发现，相对于这个城市，自己实在太渺小了，渺小到可能没有人会注意他。他突然想到一个问题：

如何在这个 2000 万人的城市里立足。毕业多年后，如何实现父亲的期待：活出个人样来。

他的家庭背景很普通：父亲是个农民，一年下来赚的钱，只够他一个学期的学费和生活费，所以根本给不了他更多的帮助。而他是个很内向的人，不善言语，也根本不知道自己该做什么，擅长什么，能做什么。

也许很多人都觉得，这是个没有前途的家伙。然而，他始终记得父亲的期望，这是他一直以来的动力。他觉得如果要实现自己的梦想，首先是要提升自己的能力。所以，大学时他参加了很多活动，通过大量的实践提升自己的组织能力、人际交往能力、沟通能力。就这样，他克服了很多不良习惯，例如不敢表现自己，不够自信等，努力完善自己的人格。

他学习很努力。他告诉我，没有好的家庭背景，他没有选择，只有比别人更拼命，更优秀，才有机会在这里立足，实现父亲的愿望。

后来，我知道他进了"世界 500 强"华为公司。

再后来，我在一次创业"大咖"分享大会上再次看到他。

他穿着西装，打着领带，站在舞台上分享自己的经历。我听了他的"互联网＋背景下的机会"的主题演讲。他现在是一家互联网公司的共同创始人。那是个不一样的他。在台上，他很自信，演讲很有逻辑和层次感。

在台下，我跟他聊了起来。我问他：现在的生活，是你想要的吗？

他说，是的。

我很为他开心。同时，我注意到了他满头的白发。

他笑着说，那是这些年拼出来的。

我终于知道，他为什么可以过上他想要的生活。那是他用自己比别人多十倍的努力和逼自己不断成长换来的。

原来一个人，真的可以成长为让别人刮目相看的样子，过上自己想要的生活！只要他足够努力！

什么阻碍了你过上你想要的生活

成长的路上，有太多拦路虎。我一直在思考，到底是什么东西阻碍了我们过上自己想要的生活。

你是否曾经有过这样的经历：

◆ 连自己想要什么样的生活都不知道，谈何过上自己想要的生活？

◆ 曾经有很多梦想，却未曾付出行动去实现？

◆ 喜欢拖延，导致很多计划都未能按时完成？

◆ 喜欢抱怨，导致经常活在悲观的世界里？

◆ 梦想很大，却未曾用心学习并提升自己的能力？

◆ 甘于安逸，致使自己处于温水煮青蛙的状态？

…………

如果在某段时间里，对自己的生活现状不满意，你是否想过，可能就是现在的生活里，有太多的东西阻碍你过上你想要的生活？

懒惰、恐惧、拖延、自卑、能力不足、不善于沟通、犹豫、放纵、思维狭窄……

要过上想要的生活，我们必须变成强者，让那些不适变得舒适，因为只有强者才配得上更好的生活！

亲爱的朋友们，你是否想过，是哪些东西正在阻碍你过上你想要的生活呢？当你过想要的生活的欲望足够强烈的时候，我相信你可以战胜它们。那么，该怎么做，才能过上你想要的生活呢？

投资脖子以上的部分。在年轻的时候，你要学会投资自己脖子以上的部分。迷惘不就是因为你的能力和格局配不上你想要的生活吗？所以，围绕你的人生方向，经常走出去学习，提升自己的核心能力，因为学习能力是你未来发展的最大动力。

人不怕不成功，就怕不成长！当你成长起来后，你想要的生活自然而然就会到来。

克服那些阻碍你成长的人性弱点。很多时候，有很多弱点会让我们离梦想越来越远。例如，恐惧、拖延、抱怨、自卑。要实现我们的梦想，我们就必须学会与这些弱点做斗争。而强者都是这方面的赢家，他们总是能够让这些弱点远离自己，让自己变得更加强大。

进入成功者的圈子。你跟什么样的人在一起，你就会成为什么样的人。父亲如果不了解自己的儿子，只要看看他交的朋友是什么类型的就知道，因为其朋友可以反映出一个人的品位。所以，很多时候，一个人的成长高度，跟他所交的朋友也有很大的关系。

那么，如何才能进入成功者的圈子呢？

完善自己的基本条件。很多人花很多时间参加社交，表面上结交了很多质量不错的朋友，可是别人未必会帮助你。当你的能量不足以吸引别人的时候，别人未必会真心帮助你。所以，**与其花那么多时间追马，不如花时间种草。待到春暖花开的时候，自然会有一批骏马任你挑选**。

学会用你的特长吸引优秀的人。我曾在一次论坛中认识一个企业家，可是他对我并没什么印象。有一次在微信群里面，我分享了几篇我的自媒体文章，他刚好看到了。后来，他需要写一篇朗诵文章，就找到了我。我不到一天时间就帮助他完成了。他很感谢我。就这样，一来二往，他对我越来越认可。再后来，我创业了，他对我提供了很大的帮助。

所以，要学会放大你的优点。这样，你才能吸引更优秀的人，才有机会进入他们的圈子。

你想要的生活，永远都存在。只有当你有足够的能量去吸引它的时候，它才会来到你的身边。从现在开始，去做一个足够强大的自己吧，让你配得上你想要的生活！

DO YOUR BEST, YOUNG PEOPLE

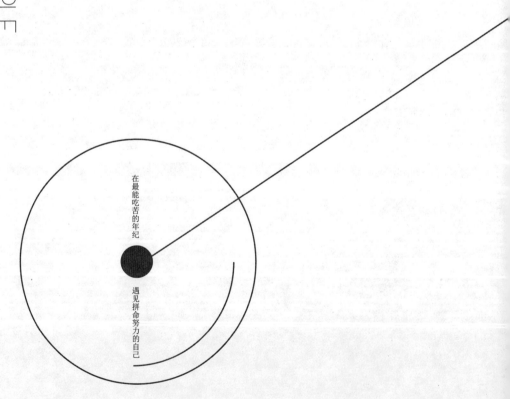

在最能吃苦的年纪

遇见拼命努力的自己

三十而立，『立业』的『立』

有多少人，在家的周围转了很多圈，却依然还没有找到回家的路。有时候，可能不是不知道家在哪里，而是路太多，我们迷路了；更多的情况是，我们根本不知道家在哪里，因为我们缺少人生的蓝图。

在最能吃苦的年纪，遇见拼命努力的自己

有的人，过完了一天，就过完了一生？

有一个朋友S，来深圳已经10年了。跟很多朋友一样，始终过着不咸不淡的生活。

10年来，他始终游走在各种行业之间，做着"找工作"这件事。在职业生涯的头几年，他换工作的频率很高，因为年轻，总能很快找到工作，但是做的都是基层工作。每天朝九晚五，他拿着只够生活费的工资，其乐融融。

有一天，他突然发现，他的一辈子可能都要过这样的生活了。而且他发现，随着年龄越来越大，找工作越来越难了。在30岁的十字路口，面对家庭的压力，他突然不知道自己该如何走下去了。

我问他，这10年来，换了这么多工作，就从未遇到自己喜欢的并且一直愿意做下去的工作吗？

他说，他从不知道自己的兴趣在哪里，也不知道自己的优势在哪里，不知道未来的方向在哪里，更不知道做什么可以改变自己的命运。为生活所迫，他也只能做着以时间换金钱的工作。

原来，这10年来，他人虽一直在上班，心却一直在流浪。

多少人，在过着流浪的生活。这种流浪，不是身体上的流浪，而是精神上的流浪。精神上的流浪比身体上的流浪更可怕。

很多人过完了一天，其实就过完了一生，即使依然年轻。因为只要你一直没有方向，那你就是横冲直撞，永远无法到达终点。

没有方向的人生，得过且过，是一件可怕的事情。

一个流浪歌手的梦想

有的人，虽在流浪，却从未迷失。我曾经遇到过一个让人印象很深刻的流浪歌手。

一天，当我走到一个地方，突然听到一阵歌声。我抬头一看，是一位年轻的小伙子，身材不高，短头发，一边弹奏一边唱歌。

我被他的歌声吸引，于是走到离他不远的地方，静静地听他唱了半个小时。他的面前，摊开的吉他袋上面，一堆零钱散在上面，有 10 块的，有 5 块的，有 1 块的，跟别的流浪歌手没什么区别。

但让我注意的是，前面还有一张纸，上面写着：为了音乐的梦想，如今四海为家。同时，希望可以认识更多的朋友。再下面是一句鼓励自己的话：音乐是我一生的梦想！我愿一生追随，只要有音乐为伴！纸上还写着 QQ 号，电话号码。

一个流浪歌手，不管他在街头唱歌的目的是为了什么，就冲着"梦想"这两个字，也让我对他刮目相看。他的歌唱得真好，或许，他只差一个实现梦想的平台，没人可以预测他的未来。成名之前，西单女孩不也是在地铁通道里唱歌才被发现的吗？

我相信，只要有了自己的方向，无论他流浪到哪里，不管有多少人在听他唱歌，不管他现在处于什么位置，只要他一直走在音乐梦想的路上，总有一天会到达。

我们穷尽一生，就是为了找到能让我们回家的路。可是有多少人，跟我的朋友 S 一样，在家的周围转了很多圈，却依然还没有找到回家的路。有时候，可能不是不知道家在哪里，而是路太多，我们迷路了；更多的情况是，我们根本连家在哪里都不知道，因为我们缺少人生的蓝图。这个蓝图，是我们这辈子心之所系的地方，也就是我们人生最主要的目标。我们人生所有的事情，例如工作、生活都会围绕它来转。

没规划的人生叫拼图，有规划的人生叫蓝图；没目标的人生叫流浪，有目标的人生叫航行！

一张蓝图，决定一条人生道路。当到达生命尽头时，成功的人会拿出泛黄的图纸，欣赏自己走过的每一步；失败的人则在一旁扼腕叹息，哀叹自己在迷惘中度过的人生。**一次重要的抉择胜过千百次的努力！** 或许，你并不是在境况最佳的时候踏上自己的人生之旅，但只要你能找到值得为之奋斗的人生蓝图，相信自己，就没有任何事能阻碍你获得成功。

人生蓝图之所以重要，是因为它就像航海中航船的方向标，有了它，我们才能够顺利抵达彼岸。职业规划最重要的内容之一，就是找到人生定位和方向。所以这一章的主要内容，就是帮助大家找到自己人生的蓝图。

如果你已经找到人生的蓝图，那你可以跳过这一章。如果你还在迷惘，还在人生的道路上徘徊，还存在如下的问题，请继续往下阅读。

◆ 你不知道人生的方向在哪里。

◆ 你不知道该怎么选择适合自己的人生方向。

◆ 你不知道为什么自己那么努力，却依然一事无成。

◆ 你不知道什么才是你这辈子最有动力的事情。

◆ 你不知道如何找到人生的突破口。

◆ 你不知道该如何选择一份好职业。

◆ 你不知道是否需要转行。

◆ *你不知道如何从零经验进入自己喜欢的行业。*

…………

什么是你一生的蓝图

1967 年 10 月 26 日，也就是在被暗杀之前 6 个月，马丁·路德·金曾在费城的巴拉特初中向一群学生演讲。在演讲开始前，他先问大家一个问题：你的人生蓝图是什么？

在建造一栋楼房前，通常要请一位建筑师绘制一幅蓝图。这幅蓝图起到指导的作用，离开它，楼房很难建好。现在，你处于建造自己人生大厦的过程中，问题是，你是否有了一张属于你自己的蓝图？

人生蓝图，就是你的人生方向，就是你一生的规划。人生就像一趟旅行，人生规划就是预先设定的游览目标以及旅游线路。或许，你最终并没有如愿到达目的地，但这并不代表你当初设定的蓝图全无意义。

人生蓝图，有 3 个特征：

第一，具有导向性。蓝图就是你的人生方向。找到它，你就能够知道未来 3 年、5 年甚至 10 年的路该怎么走。它应该是你人生的主要目标。

第二，具有可变性。人生蓝图不是一成不变的。它随着人的知识、技能、经验、阅历等的改变而改变。很多人会说，人生不需要规划，因为变化太快。但就是因为变化太快，我们才更需要规划。提高我们的人生规划能力后，就算外界环境快速变化，现在的人生蓝图并不适合自己，也可以更快地找到更符合我们发展的人生蓝图。

第三，具有唯一性。通常，在某个阶段内，人生蓝图只有一个，不可能同时有两个。因为人的精力是有限的，不可能样样兼顾。而且两个蓝图会让人不知所措，这与蓝图的导向性特征相违背。这就好像拿着两张不同的地图，人就不知道往哪个方向走了。所以，蓝图具有排他性。

有了方向，你才算把自己的命运掌握在了自己的手里。因为一旦拥有了它，你便不会再迷路。我相信所有的迷惘，都会随着你的努力而消失殆尽。

每天，让"使命"的闹钟叫醒你

有很多人，每天愁眉苦脸地来到公司，心情极度抑郁地工作着。面对公司复杂的人际关系，纷繁的工作事项，感到无比厌恶却只能坚持。我见过许多人，有一份令人羡慕的工作，拿着一份不菲的薪水，却不快乐。他们是一群孤独的人，不喜欢与人交流，不喜欢星期一；他们视工作如紧箍咒，仅仅为了生存而不得不工作。

还有这样的人：他一边工作，一边抱怨工作中的一切。抱怨工作量大，抱怨领导交办了不可能完成的任务，抱怨工资低，抱怨经常要加班到晚上9点，抱怨同事不好，抱怨其他部门不配合等。所以，他经常想逃避工作，认为工作不过是一种养活自己的手段而已。

太多的人，工作都缺乏热情。这是因为他们所做的工作都不是自己喜欢的，缺乏使命感。他们工资或许很高，但上班对他们而言只是例行公事。之所以会这样，根本原因就是你目前的工作并不是你的事业。为这份工作的付出，也不是源于使命的召唤，你只认为这是在为老板打工。

真正为使命而工作的人，不会觉得工作是一件苦差事。他每天都会充满能量地醒来，然后想想今天要干的事。每当想到就要完成一个很大的目标的时候，他干劲十足。不管遇到什么困难，他都会坚持下去。所以，有使命感的人更容易成功。

真正让你着迷的事业，是需要和你的使命绑在一起的。

网上曾经流传着这样一句话："**把我叫醒的，不是闹钟，而是梦想。**"一个有梦想有目标的人，永远都活得有动力。

前段时间，锤子手机创始人罗永浩发文，回忆了他创业5年来的经历。

他写道：

> 2012 年，我只是"听从内心的呼唤"，做了自己一直想做的事，开
> 了一家科技公司。接下来的三年半，是我这辈子身心都最累的三年半，
> 遭遇了大规模的批评、讽刺和诋毁，头发掉了一半，胆结石大了一倍，
> 体重增加了 20%，但这些跟我获得的无穷无尽的快乐、满足、成就感
> 和难以置信的温暖支持和鼓励相比，屁都不是……或只是一个屁罢。
> 如果没有意外，我后半生的全部，除了家庭，也就是这个公司了。能
> 每天从事自己热爱的、有益于人民的伟大事业，随手还能把家人照顾
> 得很好，没有比这更幸福的了。

在创业的过程中，罗永浩遇到了很大的困难，可是他坚持下来了，因
为他是为他的使命而活。

什么是使命

什么是你的使命？简单地说，使命就是你来这个世界是为了做什么。
使命包括两个部分：第一，你想要成为什么样的人？第二，你要为社会做
些什么事情？

美国著名 NLP（Neuro-Linguistic Programming 首字母缩写，意为"神
经语言程序学"。——编者注）专家安德鲁斯认为，使命其实就是从内心
引导你往前走的一种目的感，它将你的信仰、价值观、行为以及对自己的
认识统一为一体，将你的兴趣、愿景和目标都统一在一起。拥有使命感的人，
会活得很充实。为使命而活的人，他的生命总是充满乐趣。就像史蒂芬·斯
皮尔伯格一样。他曾经说过："我每天早上醒来都很兴奋，连早餐也吃不下。"

我曾对国内外很多著名的企业家进行过研究，发现他们的一个显著的
特点是，他们都是有使命感的人。使命在指引他们生活的方向，并据此制

订生活的目标。这也是成功人士和非成功人士的区别。

我们经常会遇到这样的问题："你是为了什么而工作呢？"有的人为了钱而工作，有的人为了填饱肚子而工作，有的人为了给社会创造价值而工作，有的人为了帮助更多的人而工作。如果你只是为了填饱肚子，为了赚点小钱而工作，那你只能获得小成功。如果你要获得大成功，那你就要抛掉私念，为使命而工作。为填饱肚子，为赚钱而工作，是所有人的动机。但是当钱达到一定程度的时候，你会找不到自己的人生方向，因为你不知道为什么而活了。这也是为什么很多企业家在穷困的时候非常有干劲，每天起早贪黑都不觉得累，当企业慢慢做大之后，突然觉得人生没意义的主要原因。因为钱对他们来说，只不过是一个数字而已。就像华人首富李嘉诚所说的："我每天只需要穿一身衣服，住一间房子，坐一部车子，一日三餐，无论我如何富有。"

伟大的人，往往有伟大的使命。

◆ 世界首富比尔·盖茨的使命：让全世界每台电脑都使用微软的软件，服务全人类。

◆ 亚洲首富孙正义的使命：就像汽车的出现改变了交通工具一样，要让互联网改变人们的生活方式，让越来越多的人可以通过互联网，在世界上任何一个角落办公。

◆ 美国十大杰出女性玫琳凯女士的使命：透过玫琳凯事业的发展，让更多的女性提升自信，同时获得一个自由、平等的事业机会。

◆ 马云的使命：让天下没有难做的生意。

如何找到你的人生使命

当下最重要的，就是找到自己的使命。具有使命感的人，往往会集中精力追求他们的梦想。那么，我们该如何找到自己的使命呢？

找到自己的兴趣所在。每个人都有自己的兴趣。有的人喜欢修东西，有的人喜欢教导别人，有的人喜欢坐在电脑前打字，有的人喜欢在外面跟客户打交道，有的人喜欢唱歌，有的人喜欢跳舞。你的兴趣是什么呢？试着找一个空闲的时间，找个咖啡厅，让自己静静地思考，将自己所有的兴趣都列出来。找到你的兴趣所在，是找到你的人生使命的第一步。

确定你想成为什么样的人。你的偶像可以带给你灵感。无论在生活中还是工作中，我相信你都有自己崇拜的偶像。这个偶像，可以是明星、企业家，也可以是你所在行业的成功人物，甚至是你的领导。扪心自问，你最想成为他们中的哪一个人？你想过上他们那种生活吗？这些人都有哪些目标和兴趣？当你确定了想要成为谁，你很快就能够找到你的使命所在。

确定自己的价值观。价值观就是你觉得最重要的东西到底是什么。在这里，我列出了人类的 21 种核心价值观供大家参考：

成功	审美	利他	自主	健康	诚实	安全
正义	知识	爱	忠诚	道德	愉悦	尊严
认可	技能	财富	智慧	权力	创造性	信仰

要找到自己的核心价值观，有很多方法。在这里介绍其中一种方法。你可以用一张纸，写下这个问题：在生活中，什么对我来说是最重要的？然后写下你脑中闪过的所有答案。不要在这个阶段做任何判断，不管答案有多么奇怪和好笑！接着问问你自己，这个答案对你来说意味着什么？比如你可以问，"钱"这个词对我来说意味什么？答案可能是，钱意味着成功、安全或者自由。那么，你的可能的核心价值观就是你想成功，需要安全感或自主。

也许你可以写出很多价值观。这导致你不容易知道什么是最重要的，什么是次重要的。你可以问问自己，在这么多价值观中，哪一个是你可以先舍弃的？然后一个个地舍弃，直到剩下最后一个。这一个就是你内心最深处的价值观。

　　把你的兴趣、愿景和价值观绑在一起。当确定了这些，你就慢慢找到了自己的使命。

　　日本经营之圣稻盛和夫曾在他的著作中写道，要成就一番伟业，必须做能够自我激情燃烧的"自燃型"的人。"使命感"会让你成为"自燃型"的人。这样，你会自动自发去做很多事，而不需要别人的鞭策。

　　为自己确定一个宏大的目标，再将你的使命和这个目标绑在一起。时刻问自己，我现在的使命和我的工作、家庭、行为、未来有什么联系？确保你的使命和自己的方方面面都结合在一起。

　　有了使命的工作才叫事业，有了使命的事业才值得奋斗，有了使命的人生才配得上伟大。如果你有了使命，你将会迸发出所有的激情。如果你的事业能够和使命绑在一起，那么无论遇到什么困难，你都不会放弃！就算不给你钱，你也会孜孜不倦地干下去。

要嫁就嫁对郎，要入就入对行

　　前几天，以前公司的一个同事小廖联系我，说她辞职了，让我给她介绍一份工作。当时我所在公司的人力资源岗位确实在招聘，但是对于她的请求，我有点犹豫。因为她毕业后就在这家公司做品质文员，已经有将近3年的时间。

　　其实，她的基础条件不错，毕业于国家重点大学，人也长得很漂亮。可是，由于毕业之后就从事文员工作，职业发展一直停滞不前，工资也没涨多少。正因如此，她突然发现如果继续这样下去，自己的一辈子就看到头了。就是在一瞬间，她决定辞职，去寻找一份更加有发展前景的工作。

看着她的简历，我实在无法安排面试。因为文员工作跟人力资源工作差别比较大。如果要从事人力资源工作，她就要重新开始，相当于一个应届毕业生，但我们又不需要应届毕业生，而且她做了 3 年的文员，很多思维早已定势，再去从事人力资源管理工作，短期内肯定无法胜任。就算可以胜任，很多企业也不会给她机会。

太多人，跟小廖一样，刚毕业的时候或者是贪图轻松，朝九晚五，做着轻松的工作；又或者大学毕业前准备不足，找不到更好的工作，只能毕业后去找一份要求不高的工作。

一个企业通常有很多岗位，并根据确定不同岗位的相对价值，来决定该岗位的薪资水平。对于每个岗位的薪资水平，企业通常依据 7 个参数来衡定：一是行业岗位工资参数；二是企业对于自己所在行业的定位；三是当地生活保障基数；四是企业支付能力；五是员工为企业创造的价值；六是企业对员工的期望值；七是岗位对于企业的贡献值。

所以，企业会根据组织的岗位设置，依据一定的评估标准，运用系统化、程序化的科学分析方法，对岗位进行一系列比较，明确各岗位对实现企业战略目标的不同贡献度，即岗位的相对价值。岗位的相对价值的大小，决定岗位工资的多少。比如，要想知道一个财务人员与一名营销人员，究竟谁对企业的价值更大，谁应该获得更好的工资待遇，可以通过岗位价值评估来决定。

所以，每种岗位在企业中的价值都不一样，一旦选择错误，你就算再努力，都很难取得大的发展。

图 2.1 是企业的职业发展通道图。一般来说，大部分岗位都有这样的发展通道。例如，一个人力资源专员，属于员工级别，上一级是人力资源主管，人力资源主管的上一级是人力资源经理，人力资源经理的上一级是

人力资源总监。一般来说，层级越高，工资越高，这是所有企业亘古不变
的真理。这个模型，对所有企业都适用。所以，判断一个职业的好坏，就
要看其深度和宽度的发展性。下面的职业发展双通道，体现的是职业的深
度。一般来说，一个职业如果具有深度发展性，就是一个好职业，因为你
可以通过积累，来达到职业发展的新高度。

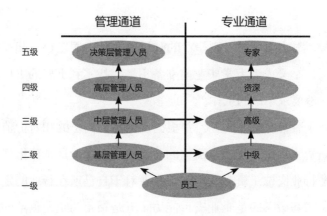

图 2.1　职业发展双通道

　　所以，请你在选择职业的时候，先判断一下这个职业是否具有深度发
展性。有些岗位是没有发展深度的。如果你选择了这些职业，就意味着你
永远都是在用时间换金钱。而随着时间的推移，你永远都是原地踏步，获
得的工资永远和去年一样，积累的能力永远和去年一样。当年终公司宣布
晋升名单的时候，里面永远不会有你的名字！

　　这是因为，有些职业，就算你再努力，再有成绩，也不会获得发展。
你可能做事非常积极，也获得公司的认可，但最多只能获得一点工资的奖
励。就像上文中提到的那位做品质文员的朋友一样，她很努力，可是永远
没有职业发展的空间。这种职业，我们称为"非积累性职业"。在一个企业里，
有很多非积累性职业岗位，如普工、文员、司机、清洁工、保安等。这些

职业岗位一般不会随着你经验的增加而有很大的发展。而很多积累性职业岗位，如人力资源、研发、销售等，其发展空间会随着你知识、能力、经验的增加而不可估量。

　　鸭子与螃蟹赛跑难分胜负，裁判说：你们划拳确定吧！鸭子大怒，我出的全是布，他总是剪刀。这说明：先天很重要。狗对熊说：嫁给我吧，你会幸福的。熊说：嫁你生狗熊，我要嫁给猫，生熊猫才尊贵。这说明：选择很重要。

　　有些职业，先天就是这样，不是你努力就可以的。选择错了，你永远都错了。所以，一定要谨慎选择职业。

选择了一份职业就是选择一种生活方式

　　刚毕业时，很多人认为，随便选择一份职业其实没什么关系，因为还年轻，还有足够的时间转行。确实，年轻是资本，我们可以勇敢试错，错了还可以回头。但是，就是这种给自己留后路的想法，造成了很多人的迷惘和失败。为什么非要在错了之后才知道怎样选择呢？这就像一个男孩子伤了一个女孩子无数遍之后，才回过头来说"终于知道你的好"一样，这时的感觉已经完全不一样了，很多东西是不可以重来的。当你蹉跎了几年再重新找一个适合自己的职业，别人已经在你蹉跎的几年里积累了资本，就等着机会腾飞了！

　　从另一方面来说，选择一份职业就是选择一种生活方式，它对你以后的人生会有决定性影响。有些人，接受了父母的安排，回老家做一份看起来轻松而稳定的公务员工作。在外人看来，这确实挺好的，事情不多，拿的工资也够养活家庭，但也让人养成了这样的生活方式：每天朝九晚五，下班后和朋友打打牌，周末和家人逛逛街。因为做的都是简单的事务性的工作，在能力上没有什么提升，今天的自己永远和 10 年后一个样，今天的自己也看到了 10 年后的自己。

更要命的是，一旦养成这种生活方式，就注定了你人生的高度。除非哪天你愿意打破自己的天花板，但这是要付出巨大代价的。

在我的演讲班里，有太多这样的朋友：曾经留恋轻松的生活，等到年长，当需要承担家庭责任的时候，当目前的状况无法满足周围人期望的时候，却发现自己怎么也跳不出这个圈子了。因为，**你以前所有的生活经历，都会慢慢给你铸成一个笼子，让你把自己锁起来。即使你想要冲出去，却发现没有钥匙，只能撞得头破血流，却也未必能够出去。**

有些岗位永远是留给平庸的人的

很多高校鼓励学生"先就业再择业"。这是"就业难"现实情况下的不得已的选择。当一个人连生存都无法保证的时候，是很难做到择业的。其实，你，今天无法择业，也是你过去所有的一切造成的。我一直强调一个观点：你是一切的根源。想想你今天为什么要先就业再择业？你是否在大学的时候整天沉迷游戏挂科了？你是否封闭自己，从不参加实践活动以提升自己的能力？你是否从不关注外面的世界以获取自己想要的职业信息？你是否从未真正了解自己，而不知道自己适合做什么、想做什么、擅长做什么？因此，所有的一切都是有原因的。

当我们无法先择业的时候，我们不得不先选择一份可能没有发展前景的职业养活自己。就算是这样，也不用怨天尤人，因为一切还在于你自己。只不过，你要辛苦一点，你要比别人更加努力而已。

我曾经接待过一位求职的朋友。

他是一个很聪明的人，高考的时候差几分没考上大学，后来跟随自己的家人来到深圳打工。由于没什么学历，他做过很多非积累性工作，做过普工，甚至也做过几年的保安。但是，他从来都不把自己当成一个保安。他对设计很感兴趣，在他姐姐的帮助下，每天晚上，他都会到一个培训学校学习设计。

曾经的失误，让他现在要付出比常人更多的努力。但没关系，只要他一直在路上，他一样会到达他想要的终点。

有些岗位，永远是留给平庸的人的。这些岗位的特征是：没有积累性，因此赚得也不多。如果你甘于平庸，你可以选择继续下去；如果你不甘于平庸，请不要选择这样的职业。即使选择了，也要学会快速地转换职业。就像你在高速路上开车，前面拥堵无比，你想要快速到达你的目的地，就要学会"换道"。你要为换道提前做好准备，当时机来临时，你要学会快速地转变，这样你才能走得平稳！

别让职业的光鲜迷惑了你

我认识一位朋友，专业是自动化，刚毕业就选择了销售岗位。我问他做销售的原因，他说销售锻炼人，而且钱赚得比较多。每次，当看到那些销售冠军在舞台上领奖，被万人拥戴，他十分羡慕。而且，面试的时候，他的主管告诉他，销售很简单，就是说说话，把货卖出去，把钱收回来。于是他入职了。前半年，他每天都在打电话，每天都在开发客户，可总是没有成交。其实他性格比较内向，每次给陌生人打电话时都很害怕。始终放不下面子的他，无法得到客户的认可，最终客户也没有选择他。他知道销售要坚持才能出成绩，他就坚持了一年，最终以成交一单的业绩离开了公司。

这位朋友被销售表面的职业光鲜迷惑了，却忽视了后面的辛酸。被客户打击拒绝、拜访无数的客户也可能没有一个会买你的东西、公司的考核压力，这些都是销售背后的辛酸。

其实，大部分职业，只要获得了成功，都会得到别人的鲜花和掌声。

关键是你能取得成功吗？就像男生都喜欢美女，可是美女未必适合你。所以，选择一个职业，不仅仅要看到它表面的光鲜，更要看到它背后的辛酸。想想自己是否足够喜欢？是否擅长？**因为只有喜欢，你才能经受住它的辛酸；只有擅长，你才能做出成绩，才能从辛酸走向光鲜，接受别人的掌声和鲜花。**

有些职业，你怎么努力都不会成功；有些职业，它再怎么光鲜，或许也不属于你。我们唯有从心出发，问问自己，想要什么样的生活？自己适合做什么，想做什么？职业的光鲜与否，都与你无关！你只要知道，你能把这个职业做好，其他一切都是自然而然的。

好职业的标准

那么，什么是好的职业？简单点说，**好职业就是我们可以把一件事做到极致，与此同时满足自己物质需求和精神需求的职业。**

在从事职业的过程中，人们总在为自己寻觅好职业。有的人很幸运，找到了自己理想的职业。而有些人穷尽一生也未必能够找到。那么，什么是好职业呢？通过近 8 年的职业规划的实践摸索，我总结出了好职业的标准。如果大家按照这些标准去择业，并做到 5 条以上，就说明你已经找到了适合自己的职业；如果遇到符合全部标准的职业，那它就是你能够奋斗一辈子的事业。好职业的标准只要有以下 8 条：

能养活自己的。人们通过从事一定的职业，来获取一定的报酬，从而满足自己的物质需求。物质需求是我们的第一需求，是其他所有需求的基础。没有物质需求的满足，其他需求的满足就无从谈起。所以，一份好的职业，第一标准就是能够养活自己。当成家以后，它要能够养活自己和家人。

有发展性的。职业的发展性指的是职业发展的深度和宽度。深度是纵向发展，即某个职业的向上发展通道；宽度是横向发展，即某个职业的水平发展通道。一个好的职业，必然是深度和宽度的综合发展。

例如人力资源管理这个岗位，从深度来讲，可以往"专员—主管—经理—总监—总经理"这样一个纵向的发展通道发展；从宽度来说，可以往"培训师—咨询师—猎头—劳务派遣—人才测评师"这样一个水平的发展通道发展。

所以，一个人只要从事具有发展前途的职业，他就有很多选择。而且，随着时间的推移，他在这个职业上的知识、能力、经验等都在不断积累，从而可以往专家的方向发展。

所以，要评估你的职业是不是一个好职业，发展性是一个非常重要的标准。

有技术含量的。虽然职业不分贵贱，但人们总还是怀着一点点技术崇拜的心态。能够成为工程师，自然因为你拥有较高的教育背景和技术水平。同时，这意味着你在这项职业上的前期投入足够多，自然对其产出预期比较高。

判断职业的技术含量的一个简单标准就是准入门槛。比如，人人都可以当小商贩，所以小商贩比百货公司经理的技术含量低；很多人都可以当IT工程师，但能进微软亚洲研究院的只有800多人。

一个职业如果有技术含量，说明它是有门槛的。例如人人都可以做清洁工，做保安，因为没门槛，也就没什么技术含量，它们自然不是一个好职业。

从业者稀缺的职业。其实这种职业比较少。像前几年出现的旅游体验师这个职业，就是从业者稀缺的职业。一个职业如果人人都能做，或者从业者数量众多，那你将面临巨大的竞争。大部分人都在从事几乎人人都能做的职业，因此，要从这些职业领域脱颖而出，唯一的办法就是提升自己，让自己变得不可替代。

有意义的职业。每个职业的存在都有其价值，但不是所有职业的价值都是一样的。职业的价值跟美誉度有关。一般美誉度越高，说明这个职业价值越大；价值越大，从事这个职业获得的物质和精神回报就越大。大学教授显然比中学教师更有美誉度，而工程师自然比技术员听起来更好听，影星比电视剧明星高级，CEO 要比厂长更现代。

职业的美誉度包含了人们对这个职业的无穷想象。与道德因素、风光程度、职业形象等息息相关，还受当时社会环境的影响。同样，一个职业很有可能在短时间内经历美誉度的几起几落。

与自己价值观吻合的职业。价值观是一个人做一切决定和选择的基础。它决定了我们生活、社交、娱乐的方式。对于同一件事，不同的价值观，可以做出截然相反的决定和选择。好的职业是能真正按照自己的价值观来生活。因为放弃了自己认为重要的事，你就会失去生活的方向和意义。

当然，人有很多价值观。例如：成就、正义、利他、忠诚、权力、财富等。可能我们每个人都有这些价值观，但我们所从事的职业一定要符合自己最重要的价值观。

能发挥自己天赋优势的职业。一个人如果做着自己擅长的工作，往往会很有成就感。因为擅长，所以容易出成果。容易出成果，就能得到别人的认可，职业成功就是自然而然的事了。因为最终的大成功就是一点点小成功的积累。

擅长的工作分为现在擅长和未来擅长。现在擅长的工作指的是我们现在就能够做得很出色的工作。未来擅长的工作，是指未来一段时间里，经过知识、技能、经验的积累，我们能够做好的工作。

要强调的一点是，一个人是否擅长一份职业是可变的。因为人的潜能是无限的。所以，我们在做职业规划的时候，不要局限于个人现在的知识、能力和经验。比如，在 50 年前，没有人相信人类跑 100 米可以突破 10 秒，但美国著名短跑名将突破了；现在，100 米短跑世界纪录已经达到 9.58 秒，相信以后还会有人不断刷新它。

据劳动和社会保障部的不完全统计，目前全国岗位已近 4000 个，每个岗位均有相应的职业要求或技能要求。人虽然可以擅长多个岗位，但总有一种是你最擅长的。如果你能从事一份自己擅长的工作，就会得到你想要的东西。

我们进行职业规划时，认识自己现在的能力固然很重要，但更重要的是要懂得激发自己的潜能，变不擅长为擅长。

感兴趣的职业。有一件事，在一开始的时候，它未必能够带给你金钱，甚至不能养活自己，而且很可能不是你一开始就擅长的。但没关系，关键是你在做这件事的过程中，是否感到快乐？如果你感到快乐，就会非常投入，就会做好与这件事有关的每一件事。你还会想办法提升自己，让自己更擅长做它。

最终，当你所有的时间都花在了这件事上，你会发现，很多东西都来了。你变得擅长了，你能做出成绩了，你物质方面的收获越来越多了，养活自己和家人就更不是问题了。所以，从事一份符合自己兴趣的职业很重要。

这8个标准，每一个标准都可以作为我们职业定位的依据。在做职业定位的过程中，要结合自身的实际情况，尽量找到位于这8个标准交叉点上的职业。

做喜欢的工作和不喜欢的工作的账单

在现实生活中，患上"上班综合征"的人真的是随处可见：

周一，压抑！因为在享受了两天自由后突然又得约束自己。因为周一回去有一大堆事在等着你，似乎令你喘不过气来。

周二，压力大！稍微回到一点工作状态，但这一天是一周工作量处于最大峰值的时候，人们普遍感到焦头烂额，所以你还是会感到心情有些低落。

周三，焦虑！人们更易在周三感到焦虑和担心，因为这一天是一周中的情绪最低点，感觉负担最重的时候。

周四，舒缓！周四的结束意味着一周的工作时间只剩下最后一天了，所以这一天望梅止渴的愿望最强烈，你开始边工作边思考周末的放松活动。

周五，欢呼雀跃！无心工作，心已经放假。

周六，完全放开！因为在这一天，完全脱离了压得你喘不过气来的工作。

周日，恐惧！因为周日的结束意味着周一的到来，面对未知事物，人们往往会比面对当下事物时更恐惧！

不知道你是否也是这样？如果你是这种人，那说明你根本就不喜欢现在的工作。而你对工作的不喜欢，导致你的工作和生活是完全分开的。你把自己的时间分成了两部分，一部分花在了维持生计而不得不干的工作上，另一部分则为了娱乐而去做自己喜欢的事。

很多人的一辈子估计都是这样处于分裂的状态。从上大学时开始，我们就不喜欢某个专业，但还是坚持学完，然后在课外花很多时间去学习自己喜欢的专业；工作后，做着不喜欢的工作，却因为贪图工作稳定，不想改变，或者因为薪资还可以而不想改变，于是，每天带着无比糟糕的心情工作，下班后则拼命花时间去做自己喜欢做的事；为了结婚而结婚，另一半不是自己喜欢的，为了孩子而不得不在一起。这种状况，直到生命的终结之后才了结。

曾经有一个朋友跟我讲过她的故事：

毕业后，她父亲刚刚去世。为了陪伴母亲，她回到了家乡。她大

Part 2　三十而立，"立业"的"立"

学学的是化学专业，可家乡却没有化学类的公司。为了能够暂时生存下去，经家人介绍，她在一家做混凝土浇筑的公司找了份数据统计的工作。

这个工作非常简单，就是经常要上夜班。在母亲的眼中，这份工作算是一份很不错的工作，除了偶尔要上夜班之外，还算比较清闲，而且薪资也不错。这家公司在当地也算是有规模的公司。因为工作清闲，每天不过是坐在办公室里敲敲电脑，在老家那些长辈眼中，这是一份很好的工作。在他们的眼里，女孩子只要找一份稳定的工作，不用太辛苦，然后找个好人家嫁掉就可以了。

可是，慢慢地，她发现，这份在她眼中只要是个会用 Excel 表格、哪怕初中毕业都能胜任、清闲得让人心烦的工作，让她开始讨厌了。

曾经，为了走出大山，走出去看看外面精彩的世界，她不顾家人的反对考了离自己家乡千里之外的大学；如今，为了家人又回到了家乡，做着初中生都能做好的工作，她感觉不到一丁点的快乐！

她曾经想离职，提了很多次，可是家人都反对，说一个女孩子想那么多干吗？能有一份工作养活自己就好了。于是，她违反自己的内心，勉强留在了那家公司。

渐渐地，她对工作完全失去了热情。她每天不再像刚开始那样，早早就到公司。她开始迟到，每天工作也是心不在焉，恨不得能够快点下班，以逃离那个她厌恶的地方。她开始抵触这份工作，因为不喜欢，所以当工作中遇到问题的时候，她不再全力以赴想办法去解决，而是回避问题。当同事有疑问时，她不再耐心地解释，而是表现出厌烦。她每天的心情都很糟糕，反映到身体上，身体也慢慢变得虚弱，总是很容易感冒。这样的生活过了半年，她觉得自己好像老了几岁一样。

焦点在哪里，结果就在哪里。以前，工作很开心，所以她觉得工作是一种幸福，经常会主动学习，努力提升工作所需要的技能；如今，她对这份工作充满厌倦，不再主动学习。每天下班之后，她就打开电脑看泡沫剧或者玩游戏，以发泄工作带来的压力。

渐渐地，她根本就不愿意为工作花费任何一点心思，能拖延的就尽量拖延，能敷衍了事的就敷衍了事。

任何一份工作，有没有用心去做，都会直接体现在结果上。这份工作，在坚持了半年之后，终于在一次考核中，她以排名倒数第一而被公司劝退了。

我想，有很多朋友跟上面这位朋友一样，做着不喜欢的工作，却因为种种原因而不得不坚持。也许是因为不知道如何改变，也许是因为没动力改变。不管什么原因，却始终不愿意放弃。就像婚姻一样，一旦结婚了，就算彼此之间没有了感情，也会继续维持下去。

做喜欢的工作和不喜欢的工作的账单

工作的动力很多，按照马斯洛的需求层次理论，有生理需求、安全需求、社会需求、尊重需求、自我实现需求。每个人的需求都不一样。例如，很多人工作的动力是为了多赚点钱。现在，我就拿这点来算算，做喜欢的工作和不喜欢的工作的账单（见图2.2）。

做着喜欢的工作的特征：你更愿意付出，你每天的心情会是愉悦的，你对自己是高要求的，你希望工作能做得尽量完美，你会花更多的时间去思考怎么解决工作中出现的问题。

做着喜欢的工作的结果：你每天的工作效率都很高，领导交给你任务，你恨不得马上就完成。为了能够做好工作，你会利用业余时间参加学习、培训，以提升自身的能力。当你的能力不断增强的时候，你的工作就会做得更加得心应手，业绩会越来越好。当你的业绩越来越好的时候，公司对你的认可度会越来越高，你的职业发展前景就会越来越好。做喜欢的工作让你实现了身心、生活、工作的统一。这是一个良性循环。

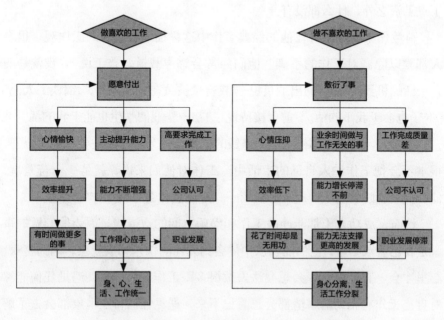

图 2.2　做喜欢的和不喜欢的工作的账单

做着不喜欢的工作的特征：你会敷衍了事，面对工作的压力，你会排斥，每天的心情都很糟糕，所以你的工作效率会很低。每天下班后，你会马上逃离工作场所，然后去做一些与工作无关但能让你放松的事，例如看电视。因为对工作没有兴趣，所以，工作中的问题能拖延就拖延。你也不会通过提升自己的能力来提升工作业绩。你有可能会在 8 小时之外学习一些跟现在工作无关的技能，但时间总是有限的，所以你的生活和工作是完全分开的。在你的眼里，工作不过是养活自己的一个工具而已。

做着不喜欢工作的结果：由于你没把全部精力放在工作上，你的工作业绩比别人差很多。所以，更谈不上职业发展前景。随着时间的推移，你的能力也没有得到提升，慢慢就会陷入职业发展瓶颈期，各种职业发展问题相继出现。这是一个恶性循环。

做着不喜欢的工作，就是浪费自己的生命。因为你获得的，除了那一丁点工资之外，什么都没有。

荷兰作家德克尔曾在他的经典著作中这样描述很多人的工作观：很多人都难以隐藏对工作的不满。他们经常会怨声载道。普工说："我就是一台干活的机器。"银行的出纳员说："我就像被关在笼子里面。"钢铁工人说："猴子也会干我干的活。"前台接待说："初中毕业的学生也能干我的活。"

这些人，大部分都视工作为赚钱的工具，认为工作就是要和生活分开，根本不会把工作纳入自己的生活中。工作对他们来说，就是一个苦差事。他们周一就盼着周末，周末恐惧周一，永远也体会不到工作的乐趣。

然而，成功人士都能冲破工作和娱乐之间的这道墙，因为他们做的事就是自己喜欢的事，他们能够从中体会到无比的快乐和成就感。因为喜欢，心里才会一直装着它，会想办法去做很多跟工作有关的事，遇见任何能够对自己工作有帮助的事情都会想着记下来，遇见任何行业现象都会去了解一下、学习一下、跟人讨论一下……很多时候，一份工作并不需要太多的天赋，而一个人能不能在他的领域里取得成就，往往取决于他能不能长期专注于这个领域。**而专注的最好方法就是喜欢。**

日本经营之圣稻盛和夫曾在他的著作中写道，**要成就一番伟业，必须做激情能够自我燃烧的"自燃型"的人，即"自我燃烧"。**

物质有 3 种类型：一、靠近火就燃烧的可燃性物质；二、即使靠近火也不能燃烧的不燃性物质；三、本身就可以燃烧的自燃性物质。

做自己喜欢和感兴趣的工作，会让你无比热爱，会让你成为"自燃型"的人。在这个过程中，你会自动自发去做很多事，而不需要别人的鞭策。

在招聘的过程中，我也会经常考察候选人的内驱力。看一个人喜不喜欢目前的工作，是否把现在的工作当作自己生命中很重要的一部分，我主要看两点：一是这个人是否会在业余时间不断学习新知识、新技能来提升工作业绩。如果他不喜欢现在的工作，他肯定不会做跟现在的工作有关的事。比如我喜欢人力资源，我会经常关注人力资源论坛，会去考证，会参加人力资源的各种专业论坛讨论。二是看他花了多少时间在工作上。大部分成功的人，每天工作时间都在 14 个小时以上，而且周末根本没有双休，都是在工作中度过的。能让他们有如此大的付出的，就是对这份工作的热爱。你能做到吗？

是否应该停止做自己不喜欢的工作

做着自己不喜欢的工作，却发现根本就无法停止。因为工作最大的一个功能就是养活自己。特别是对于应届毕业生来说，当务之急是能够养活自己，而不是找到自己喜欢的工作。不是每个人都能幸运地找到自己喜欢的工作。因为喜欢的工作你不一定能够胜任。比如你喜欢看电影，但你不一定能够拍电影；你喜欢画画，但你不一定能够成为画家；你喜欢漂亮的衣服，但是你不一定能做跟服装有关的工作。因为工作还是需要一定的知识和技能的。美国著名心理学博士艾尔森对世界 100 名各领域的杰出人士做了一项问卷调查，结果让他十分惊讶：61% 的成功人士承认，他们所从事的职业并非他们内心最喜欢做的，至少不是他们心目中最理想的。

所以，当你还在做着自己不喜欢的工作时，也不用气馁。因为一份工作是否能取得成功，不是看你是否喜欢，而是看你能不能做出业绩、创造价值。要创造价值，主要看你是否擅长。在现实生活中，有很多人做着自己擅长但不喜欢的工作，也一样可以取得成功。那么，到底什么时候该停止做你不喜欢的工作呢？为了帮助大家，我发明了"喜欢—擅长"矩阵分析法（图 2.3）。

当一份工作是我们既擅长又喜欢的时候，那这份工作就是理想工作，是每个人都会用尽一生去追求的；如果我们喜欢但不擅长，那这份工作就是明星工作，因为喜欢，我们会花很多心思学习相关的知识技能，当能力提升的时候，就会慢慢变得擅长，从而让明星工作向理想工作转变；如果我们擅长但不喜欢，那这是问题工作，短期来说，我们是能够取得职业的成功的，因为能够做出业绩。但是，一旦长期这样下去，我们就会慢慢产生职业厌倦感，从而想脱离现在的工作状态。问题工作存在的最大的问题是不能够持久；如果我们既不喜欢又不擅长，那就是垃圾工作了。这种工作我们可以毫不犹豫地跟它说"再见"！因为再继续下去，只会浪费我们的生命！

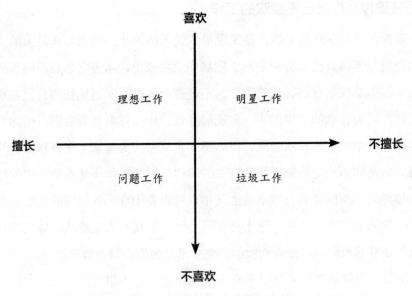

图 2.3 "喜欢—擅长"矩阵分析法

那么，你现在的工作是什么类型呢？如果是垃圾工作，那就赶紧停止！如果是问题工作和明星工作，那还可以尽量弥补不足，争取将其向理想工作转换。

喜欢与不喜欢会转换

"喜欢"的定义是可以为了心中所倾向的人或事而心甘情愿地做任何一件事情。它是一种情感，情感是会转变的。就像刚开始时喜欢一个人，但随着时间的推移，我们也可能不喜欢了。所以，喜欢和不喜欢是可以转换的。很多时候，我们不喜欢一项工作，往往不是因为内心本来就排斥它，而是我们的能力还不足以胜任这项工作，所以没有成就感，体会不到这项工作的意义，快乐也就无从谈起。

有一个朋友从事信用贷款的销售工作。他是个典型的理工男，之所以选择做销售，完全是因为不想整天对着电脑做事，因为他渴望做跟人打交道的工作。

然而，刚开始时，由于口才不好，他根本就无法做好这项工作。在公司待了半年，没有成交一单。他开始怀疑自己的选择，怀疑自己不适合做这项工作。但他的领导劝他再坚持半年再说。

他坚持了下来。在接下来的半年里，他不断锻炼自己的口才，不断提升与人沟通的能力，不断学习产品知识，不断拜访客户。终于，在入职后的第九个月，他成功成交了一单。由于大半年的积累，在入职公司一年后，他"爆发"了，单月签单25单，平均每天签一单，创造了公司单月签单的纪录。

他受到了公司领导的表扬，也被破格录用为公司的销售主管。他开始感受到这份工作的成就感和价值感，觉得所做的一切都很有意义。"我喜欢上了这份工作。"他后来跟我说。现在，他已经是公司某个业务部的部门经理。

所以，一个人不喜欢一份工作，可能是因为感受不到这份工作的价值感。如果你是这种类型，那请你再坚持。但在坚持的过程中，一定要不断学习与工作相关的技能，让自己工作得更加出色。等到你的工作成果越来越突出，得到了公司的肯定，你会爱上这份工作的。

这就是喜欢和不喜欢工作转换的过程。

找到自己喜欢的工作

每个人都希望能够找到自己喜欢的工作。可是纵观大多数人的一辈子，穷尽一生的努力，也找不到自己喜欢的工作。要找到自己喜欢的工作，可以从以下几方面着手：

了解自己。首先要对自己进行深入地了解，了解自己的兴趣在哪里。这个可以通过霍兰德职业兴趣测评量表来进行测评，以初步了解自己的兴趣所在。另外，还要了解自己的性格优势和天赋优势在哪里，可以多找跟你的优势相关的工作进行尝试。

活在当下。有时候，喜欢的工作不是找出来的，而是做出来的。如果找不到跟自己性格优势或天赋优势相关的工作，那就把当前的工作做好。踏踏实实地沉下心来，做好每一个工作细节。如果你能够把不喜欢的事当做喜欢的事投入精力去做的话，你得到的会更多。例如坚持力和耐力。活在当下，你就不会总是想着一些不着边际的事情。要知道，很多人的失败和迷惘，就是想得太多，做得太少。

多尝试。对于不知道自己喜欢什么和兴趣在哪里的人，唯有尝试才是解决问题的根本办法。就像我在前面所说的，唯有经历，你才知道自己喜欢什么、适合什么。如果一份工作，做了一年半载，都没有办法做好，也无法让你喜欢，那就赶紧去寻找下一份。不要贪图暂时的享受与安逸。

乔布斯说，生命有限，要做自己喜欢的工作。**我们连做自己喜欢的事都没有时间，哪还有时间浪费在那些不喜欢的事情上！**

你的渴望是你能力唯一的限制

一个早晨，公司来了一位面试非洲地区海外销售岗位的小伙子。

我看了他的简历，认为他确实非常优秀。大学时代，他就是学校

Part 2　三十而立，"立业"的"立"

的学生会主席，学校十大优秀学生，获奖无数。就是这样一个小伙子，按照常人看来，本应该在职业发展上获得较大的成功，可是他没有。在工作了 3 年后，他依然只是一个"合格"的海外销售。什么叫合格？就是勉强能够完成公司制订的销售目标的 80%。

面对优秀的候选人，总是能够引起我的兴趣。我认为一个人是否能够取得成功，内在的渴望是关键性因素。所以，我想了解他背后更多的意图。

"你喜欢做销售吗？"我问他。

"喜欢！"他斩钉截铁地回答，没有一丝的犹豫。这让我觉得这个问题在他心里曾经反复思考过，而且他确实喜欢销售。

那为什么喜欢销售还是做不好销售呢？会不会是因为他喜欢国内的销售，而不是海外的销售？带着这个疑问，我继续问他："你为什么选择海外销售？我觉得国内销售也挺好的。"我想确定他是否真的喜欢做海外销售。

他告诉我，他大学时就很喜欢英语，虽然学的不是英语专业，但也会在专业学习之余，参加学校的英语角，也考了英语六级。毕业之后，他觉得这是他的兴趣，就选择了海外销售工作。

我问他，平时他花在销售上的时间大概占一天时间的比例是多少。他说工作之后，除了上班时间，其他时间很少花在工作上。

我问他，为了提升工作业绩，他曾到培训机构学习英语吗？如果一个人很渴望拥有一样东西，他会花钱参加培训。

他说培训机构学费太贵，暂时还没考虑报考学习。

我终于知道，他确实喜欢海外销售工作，但那是因为他喜欢英语。对销售这份工作，他还没有足够强烈的、想做出成绩的意愿。

你如果只是喜欢一样东西，那它对你而言，就只是可有可无。比如，你喜欢吃寿司，你也不会马上找个寿司店吃个饱，而只是在某天逛街的时候，突然在路口看到一家寿司店，然后对自己说，我还蛮喜欢吃寿司的，要不今天就去尝一下，于是你就走进店里。从此以后，3个月都没再去吃过。

喜欢只是一种行为倾向的状态，但你还未必去做。谁都喜欢金钱，但是拥有金钱的过程会很辛苦，你未必会采取行动；谁都喜欢住大房子，但是拥有大房子的过程也会很曲折，你也未必会采取行动；谁都喜欢被公司提拔，但是被提拔的背后是更大的责任和压力，你也未必会做更多的事情去争取。

每个人喜欢的东西很多，为什么你不能够在你喜欢的事情上，取得跟别人不一样的成绩呢？因为对于成功来说，喜欢还远远不够，你还要有足够的渴望。

我在深圳开过演讲口才培训班。我经常会组织学员到户外进行演讲锻炼。每次演讲之前，大家都会谈到为什么来参加户外演讲锻炼。大部分的朋友都说，因为我喜欢演讲。我说如果喜欢，那就每期都过来参加，只有坚持，才能彻底改变你的口才，提升你的自信。

可是，有一些人，在来了几期之后，就再也没有来过了。

我私底下问他们原因，发现原因各异：有说要加班的；有说跟朋友有约了的；有说周末太累，要好好休息一下的；有说路程太远的。

我问他们，你们不是很喜欢演讲吗？

他们回答，是的，我很喜欢演讲，但是我觉得跑那么远去户外演讲，有点累啊。

其实，我们户外演讲的地方，附近就有地铁站，出了地铁就到了。

我终于明白，有些人只是喜欢演讲，但并没有渴望学会演讲。

在这个俱乐部里，有一个人比我对演讲更加渴望和痴迷。他周一到周五晚上，都会参加演讲，周末白天也参加，把所有的时间都花在了演讲上。

他曾经是一个很胆小的人，即使面对很少的人说话，都会很紧张，所以他决定学习演讲。我问他为什么会如此痴迷演讲，他说他渴望通过演讲来改变自己。

他确实做到了。现在，面对上百人进行演讲，他也不会感到紧张，而且出口成章。

喜欢不一定会让你拥有，但渴望会让你拥有。因为只有渴望得到一样东西，你才会不断采取大量的行动。就算遇到很大的挫折，你依然不会放弃，因为你内心早已告诉自己，你一定要拥有它。

什么是渴望？渴望就是如果没有这样东西你就会浑身没有力气，你会感觉不舒服；渴望就是没有它你就没有活下去的欲望；渴望就是你可以采取任何不伤害他人的行为去得到它。

曾在新闻里看过这样一个故事：

在甘肃偏远地区，上初中是免费的，可是还是有不少人，因为家庭原因没有上学。有一个女孩为了能上学，绝食了8天，没有吃一点东西。最后，看到她的决心，父母终于支持她上学了。

在这个故事里，我看到的不是上学的决心，而是一个孩子的渴望，想走出大山、改变自己的坚定渴望。

美国篮球运动员斯蒂芬·马布里说："如果你足够渴望，你会在你的身体里、精神里寻找帮你达到目的的全部力量。你不停地找，不停地找，能帮助你前进的力量自然而然就出现了。"

曾经，我有很多梦想，可是能够坚持下来并实现的没有几个。真正让我坚持下来的，是我渴望得到的东西。我渴望通过演讲来增加自己的影响力，所以为了练好演讲，我敢于在很多人面前不断练习。就算被别人嘲笑，我也无所谓，因为相比于拥有演讲技能来说，所有的嘲笑都只不过是过眼云烟而已。

同样，我渴望通过写作来表达我心中的欲望。所以，每天我无论工作多累，都会写上3000字，因为我的渴望战胜了所有的疲累。

如果你的工作、你的事业不能成功，你就会失去家人，你就一辈子生活在贫穷痛苦中，那你还会像今天一样安于现状或耽于享受吗？无法取得成功，是因为你对成功还不够渴望。

对于生活中的乐趣，喜欢是足够的。可是对于工作、事业或者爱情，喜欢是不够的，还需要渴望。只有足够的渴望，才能激发出最强的执行力。

在西伯利亚草原上，一群狼正在捕猎。在这里，流传着这样一句话："草原上从来没有饿死的狼，只有为追逐猎物而跑死的狼。"——对于猎物的渴望，打造了狼性。

华为为什么能够成为世界500强？任正非把华为的成功归结为华为的狼性企业文化。华为实施高绩效要求、高压力的企业文化。正是这种企业文化，让华为能够获得自己想要的结果。而这种企业文化，是以高薪资为基础的。华为员工对高工资的渴望，激发了他们无限的执行力。或许，华为成功的因素有很多，但其员工对成功的渴望，绝对是其成功的关键要素之一。

世界首富比尔·盖茨的管理学教练，美国著名成功学、潜能激发大师博恩·崔西说："你渴望的程度是你能力唯一真正的限制。"打个比方，对于穷人而言，在3天内筹集10万元人民币有没有难度？有。但是如果是他的爸爸或者妈妈，或最爱的人生病了，如果3天内筹不到10万元治病，亲人的生命就结束了，那他能筹到吗？大部人的回答都是："可以。"所以，**你的渴望是你能力唯一的限制。**

读到这里，你是否对自己的过去有了思考？过去的你是否动力不足，而未曾坚持或者改变？如果是，那是因为你的心中未曾有过让你渴望的东西。这样的东西，跟你的生存状态和尊严有关。如果没有它，你会很难受，你会生存不下去。

如果你有了渴望的东西，那么恭喜你，因为你会无往不胜！如果没有，那就要试着去找到你内心真正渴望的东西。

在天赋优势的轨道上，才能够加速

两年前，小D给我来信，告诉我，他准备从研发转行做销售。

转行是一个人一生中很重要的选择，他很纠结，因为他年纪也大了，工作也5年了，现在贸然转行，而且是自己完全陌生的岗位。他想选好真正适合自己的职业后再开始转行，毕竟他已经没有太多可以试错的时间。

从他的信中，我知道了他的一些过去。

在他高考选择志愿的时候，计算机专业是个非常热门的专业。他身边很多学理科的同学，都报读了这个专业。小D也是读理科的。其实，他对很多专业都不了解，只是知道学计算机专业将来肯定是做跟计算机有关的工作，所以，在从众心理的作用下，他就报考了计算机专业。

选择热门专业，是很多人选择专业的初衷。或许，这有很多弊端，因为现在是热门不代表以后也是热门。但是，计算机专业对于小D而言，并没有选择错，因为计算机直到现在都还是热门专业。

毕业之后，他顺理成章做了跟计算机有关的工作——软件开发。其实，在他毕业的时候，他曾犹豫过是否要做软件开发工作。他大学的专业课程其实学得一般般，而且，他的个性比较好动。但是，他觉得自己学了4年的计算机，如果完全放弃，多可惜啊！于是，他最终还是选择了从事计算机工作。

他很努力，可是由于在技术方面始终无法取得突破，所以在关键技术水平上，他总比那些跟自己差不多同时开始工作的人差了一点点。工作那么多年来，他并没有做出多大成绩。有时没有太大的干劲，所以每年他都只能完成绩效目标的80%，只能达到一个合格研发工程师的级别。所以，他的职业道路一直都没有取得很大进展。在工作五年之后，当周围的人都升为研发经理、拿着不菲的薪资时，他还是一个小小的研发工程师。

他开始意识到这份工作不适合自己。他很郁闷。

我给他回了电话。

我问他，他是否在这份工作中已经尽力了？

他说，他工作非常努力，可是依然无法取得自己想要的结果。

我问他，他以前尝试过做销售工作，并且取得一定的成果吗？

他说，他有一段时间在周末时，曾帮助朋友做过一款红酒的代理，自己找客户，自己签单，一个月卖了100瓶。

我问他，这个水平，在那么多的销售员中，能够排第几名？

他说，可能排前五名吧，总共有20个人。

我问他，在做销售的过程中，他最喜欢这份工作的哪些方面？

他说，他喜欢那种成交的感觉，能够给他带来成就感。

跟他聊过之后，我认为他还是比较适合从事销售工作的。因为他曾经有过销售成功的经历，而且从事销售工作的人，往往都追求成就感，因为这是他们工作的动力。

我建议他可以朝销售方向发展。为了降低转行成本，可以做原来行业的销售，这样也不会浪费以前的技术知识。而且，目前人才市场上的技术型销售非常吃香。

他听从了我的建议。

前段时间，他打电话给我，告诉我他现在已经是公司深圳团队的销售经理了。在销售这个岗位上，他既发挥了自己的技术优势，又发挥了自己的天赋优势。他很后悔转行太晚，但只要出发，一切都还来得及！

你是否曾经跟小D一样，有过这样的经历：

学了4年的专业，发现自己不喜欢不擅长，但是因为觉得放弃了可惜，所以毕业后还是继续从事着与专业相关的工作；工作几年之后，发现自己无论多努力，都无法取得自己想要的工作成果；工作中没有成就感，领导交办的任务总是无法按时完成；工作不是自己最想做的，工作遇到困难也不愿意主动解决。

如果你有这样的经历，那你就要思考你所从事的职业是否可以让你发挥你的天赋优势了。

其实，对于很多人来说，就算没找到自己的天赋，一样可以把一份工作做得很好。因为一份工作做得好坏的关键是具备相应的能力，而能力是可以经过后天的训练培养的。

但是，如果没有从事符合自己天赋优势的工作，你就会比很多人成长得慢，甚至跟小D一样，可能付出了很多，依然无法取得和别人一样的成就。在上学时，我们经常会看到这种现象：有的人天天背书、天天做题，每天起得比鸡还早，睡得比狗还晚，可是学习成绩却总是无法提上来；有的人每天学习不努力，下课后就去打球，可是到考试的时候，却考得比别人好。不得不承认，后者比前者更有读书的天赋。所以，能够做着符合自己天赋优势的工作，你才会比别人更容易成功。**在天赋优势的轨道上跑步，你会以加速度跑向终点。**

1999年，在芝加哥拉文尼亚音乐节明星演奏会上，17岁的郎朗戏剧性地紧急代替身体不适的安德鲁·瓦兹与芝加哥交响乐团合作演奏柴可夫斯基《第一钢琴协奏曲》。该演奏会由著名指挥大师艾森巴赫指挥。开场前，著名艺术大师斯特恩对观众介绍郎朗说："你们将从这位年轻的中国男孩身上听到世界上最美妙的声音。"果然，当最后一个音符演奏完毕，听众全体起立欢呼，如雷般的掌声经久不息。从此，郎朗为世人所知。

1982 年，郎朗出生于沈阳的一个音乐家庭。年仅 3 岁时，他就是一个一丝不苟的钢琴学生了。5 岁时，在当地的比赛中，他获得了一等奖，并开始了他的钢琴演奏职业生涯。郎朗 9 岁即进入声望很高的北京中央音乐学院学习。

郎朗的父母为了家里唯一的孩子的成长，做出了相当大的牺牲。在郎朗 2 岁以前，父母就花了他们年收入的一半为他买了第一架钢琴。郎朗的父亲曾放弃工作，离开沈阳的家，陪儿子到北京中央音乐学院学习。

无疑，郎朗的成功得益于其音乐天赋和后天的不断训练。在他很小的时候，他的父母就帮他确定了他人生的蓝图——钢琴演奏。而且，他对钢琴也表现出极大的兴趣。再经过长达十几年的不断训练，他演奏钢琴的能力得到最大限度的提升。这时，成功对他而言，就成了自然而然的事了。

我们来看看郎朗成功背后的轨迹：找到可以发挥自己天赋优势的能力—长时间训练不断提升能力—比别人做得更好—取得职业成功。

很多人只看到郎朗成功的表象，却没看到他成功背后的轨迹。人们忽略的，是他成功背后更重要的东西——天赋。可想而知，如果郎朗没有音乐的天赋，即使他再努力，也难以登上钢琴演奏领域的巅峰。

天赋是一个人天生擅长的事情。如果一个人能够做具有天赋的事情，那么他是很幸福的。做具有天赋的事情是做自己喜欢又擅长的事情。郎朗之所以成功是因为音乐是他的天赋，他父母发现了他的天赋。当他不断努力，不断积累的时候，他的成功就水到渠成了。

读初中时候我曾努力练过 3 年的吉他，无奈音乐天赋不足，再努力也无可奈何。到现在为止，我也只能简单弹奏几曲以娱乐大众而已。

所以，找到一个符合自己天赋优势的职业很重要。**始点决定终点，方向不对，可能再努力也没用。**

那么，我们该如何找到符合自己天赋优势的职业呢？在这里，我跟大家分享一下我是如何找到符合我天赋优势的职业的，希望对大家有所启发。

认识天赋的内容。1983 年，美国哈佛大学教育研究院的心理发展学家加德纳提出了多元智能理论。多元智能理论认为，每个人都有自己擅长的领域和不擅长的领域，我们把这个领域中的天赋叫做"智能"。没有一个人是全能，也没有一个人是全无能。加德纳将人类智能分为 8 类，它们分别是：

> **语言智能。**这种智能，主要是指有效运用口头语言及文字的能力，即听说读写能力，表现为个人能够顺利而高效地利用语言描述事件、表达思想并与人交流的能力。这种智能在作家、演说家、记者、编辑、节目主持人、播音员、律师等职业领域有突出的表现。
>
> **逻辑数学智能。**从事与数字有关工作的人，特别需要这种有效运用数字和推理的智能。这种智能在工程师、科学家、侦探身上表现得比较明显。比如爱迪生逻辑数学智能就很强。
>
> **空间智能。**空间智能强的人对色彩、线条、形状、形式、空间及其关系的敏感性很高，感受、辨别、记忆、改变物体的空间关系并借此表达思想和情感的能力比较强，表现为对线条、形状、结构、色彩和空间关系的敏感以及通过平面图形和立体造型将其表现出来的能力。

这种智能在画家、雕刻家、航海家、军事战略家、摄影师、服装设计师、广告设计师身上表现得特别明显。

人际沟通智能。这种智能主要指人与人之间交往的智能。表现为观察、体验他人情绪、情感和意图，并据此做出适宜反应的能力。这种智能在律师、公务员、推销员、老师、主持人、政治家身上表现得比较明显。比如奥巴马的人际沟通智能就很强。

肢体动作智能。善于运用整个身体来表达想法和感觉以及运用双手灵巧地生产或改造事物的能力。运动员、舞蹈家、外科医生、手艺人都有这种智能优势。比如美国著名篮球明星科比的肢体动作智能就很强。

音乐智能。这种智能主要是指人敏感地感知音调、旋律、节奏和音色等能力，表现为个人对音乐节奏、音调、音色和旋律的敏感以及通过作曲、演奏和歌唱等表现情感的能力。这种智能在作曲家、指挥家、歌唱家、乐师、乐器制作者、音乐评论家等身上都有出色的表现。

内省智能。这种智能主要是指认识到自己的能力，正确把握自己的长处和短处，把握自己的情绪、意向、动机、欲望，对自己的生活有规划，能自律，会吸收他人的长处。这种智能在优秀的政治家、哲学家、心理学家、教师等人员身上都有出色的表现。

自然探索智能。能认识植物、动物和其他自然物体（如云和石头）的能力。

初步确定自己的优势智能。从上面 8 种智能分类中，根据平时表现，发现我有 4 个优势智能：语言智能、逻辑数学智能、人际沟通智能、内省智能。

根据优势智能来进行职业定位。每一种智能都有与其相对应的职业。例如，具有语言智能优势的人，如果从事的职业是作家，那他是可以取得一定的成就的。为什么是"一定"，因为天赋的发挥，还要看一个人的努力程度。关于这个话题，我后面还会探讨。

很多人会说：我不知道怎么去发现自己的优势智能。发现自己优势智能的方法有很多，在这里我跟大家分享两个比较简单的方法。

第一，从自己小时候做得最好的事情中发现。小时候，在学习过程中，你学得最好的是哪一科？语文？数学？被老师表扬最多的事情是什么？比如，我读小学的时候，语文成绩是最好的。我写的作文，经常被老师拿到课堂上作为范文朗读。在后来的读书和工作中，我都会陆陆续续写文章，所以，我知道语言智能是我的优势智能之一。

第二，从朋友、同事、领导对自己的评价中发现。在我工作的第一年，我并不知道自己的逻辑思维能力还不错。有一天，我写了一篇总结。领导看了之后告诉我，我的逻辑性很强。这时我才知道，原来逻辑数学智能也是我的优势智能之一。

我现在从事的职业跟我的优势智能是非常符合的，所以我做得很开心。同时，我还能够把它做得比很多人都要好，这是因为发挥了优势智能的作用。

关于天赋，你必须知道的

天赋和努力的关系。 其实每个人都同时具有这 8 种天赋，只是每个人的倾向程度不同。在这 8 种天赋中，有些天赋是可以靠后天训练来挖掘的，例如语言智能、逻辑数学智能；但有些天赋无论后天你多么努力，可能都无法达到很高的水平，例如肢体动作智能、音乐智能。但无论哪种智能，要让它发挥作用，都必须达到一定的努力程度。乔丹具有强大的肢体运作智能，但他能取得这么大的成就，是因为他每天在训练之后还会再投篮 1000 次以上。

天赋需要时间的积累才能发挥作用。 可能有很多人在这 8 种智能中的表现都很平常。没有一项优势智能，难道这辈子就这样平庸地度过吗？一个人具有哪些天赋，可能具有遗传因素，但更多的是靠后天的努力训练。例如语言智能、逻辑数学智能、人际沟通智能、内省智能等都是可以通过后天训练来提高的。有些人可能在语言智能上比你更有先天优势，但是如果在这方面你比他更努力训练，我相信总有一天你会超过他。而音乐智能和肢体动作智能则很难通过后天训练获得，但你可以扬长避短，去提升能提升的智能，相信总有一天，你会比别人优秀。

找到能发挥我们天赋优势的职业，是一辈子最重要的课题之一。当然，通过短短的一篇文章，可能还不足以帮助你找到你梦想中的职业，但我希望，这篇文章是一个好的开始。以后，我可以和大家多多交流！

把与众不同的那点不断放大

在4岁读幼儿园的时候，妈妈把周杰伦送到幼儿园音乐班学钢琴。平时活泼好动的小杰伦，一站到钢琴面前，竟出奇地安静，听老师弹奏一遍就能复弹出来，老师说这孩子有天赋。后来，周妈妈希望他能考大学音乐系，可是他考了两次都没有考上。他只对音乐、运动感兴趣，考不上大学就去写歌吧！之后，他每天蜗居在录音棚，被吴宗宪发现，被要求每天写十几首歌。他也希望自己的歌能够被录用，然后可以拿钱回家给妈妈用，因为妈妈为了让他学钢琴花了太多钱。

可是有一次，吴宗宪告诉他，你写了那么多歌，但没人愿意唱。这让周杰伦很懊恼。有一天，公司来了一位新的音乐总监，叫杨峻荣。他对周杰伦说，你这些歌别人不用，干脆你自己唱好了。

一天，唱片公司表演节目，他就试着唱了《黑色幽默》。他的这首歌很有味道。在这次表演之后，他打动了在场的评委，终于得以出唱片了。他的《Jay》专辑里的歌几乎都是给别人唱别人不要、他自己唱的。

与众不同的他写了与众不同的歌，所以，别的歌手都唱不了他的歌。他一直在思考如何与众不同。他发现，所有欧美饶舌歌手的歌都充满暴力感，其音乐的音色很重，反差很大。他要想与众不同就要写出、唱出中国风。于是，《东风破》《青花瓷》让我们眼前一亮。

饶舌、咬字不清、听不清，刚开始被人诟病的东西，后来却成了周杰伦成功的关键。

周杰伦从小就发现了自己的天赋，在不断努力的基础上，用与众不同的唱法、歌曲不断放大自己的与众不同，成了歌坛的天王级人物。

现在，各行各业优秀的人太多，而卓越的人却是极少数。要成为卓越的极少数，必须找出自己的与众不同之处。而这些与众不同之处，必须建立在自己的天赋之上。很多人会说：我根本就不知道自己的天赋在哪里。在上文中，我已谈到了怎样发现自己的天赋。其实，很多天赋都是坚持训练出来的，无论是哪种天赋，都需要不断地锻炼。

郭晶晶是中国"跳水皇后"，7岁开始学跳水。她曾在一次公开采访中表示，她其实非常怕水，所以她就不断挑战自己，每天不断训练，并且不断创新。这让她在跳水领域攻无不克。

现在在很多领域成绩卓越的人，从小就在自己喜欢的领域中训练。长久以往，他就会成为这个领域的高手。如果我们要成功，就试着去找到与别人不一样的那一点，并将这一点不断放大。

很多人问，如何找到与别人不一样的点呢？

在这个社会上，我们要寻找不一样的点，其实离不开整个商业经济环境。因为我们的职业选择永远离不开经济。或者说，如果我们要寻找不一样的点，始终要回到满足他人和社会的需求上。所以，要寻找与别人不一样的点，就要跟社会的趋势及需求结合起来。你的这个不一样的点，要满足社会最大化的需求，受众要大，这样才可能发展。

在满足这个原则的基础上，再寻找自己与众不同之点。在这里，主要有以下 4 个方法：

做别人不想做的事。人都有天生的弱点，懒惰、恐惧、贪图享受等，这些天生的弱点会阻碍我们成功。而成功者与失败者的最大区别就在于能否克服天生的弱点。

我相信，每年练跳水的孩子非常多，但日复一日单调的训练，让有些人放弃了。这时单调乏味战胜了坚持，所以他们注定失去成为卓越的人的机会。竞争的减少能够让你更容易成为该领域的佼佼者，从而与众不同。

做别人不敢做的事。恐惧是人的天性，因为恐惧，人会失去很多东西。恐惧演讲你就会失去在大众面前推销自己思想的机会；恐惧失败你就不敢迈出选择的第一步，永远生活在原地，注定与成功无缘；恐惧竞争，你就永远无法成为第一。

2008 年，电脑杀毒软件还是收费的，但周鸿祎却坚持要做免费杀毒软件，彻底颠覆了这个行业。这个与众不同的点被不断放大，成就了 360 公司。

做别人想不到的事。无论是企业还是个人，如果能做到别人想不到的事，那在竞争中就比别人领先一步。要做到这一点，对于企业来说，就是要寻找市场空白进行技术创新；对于个人来说，就是要突破传统思维模式，用不一样的方式做同样的事。比如所有的人都认为唱歌要字正腔圆，要咬字清晰，而周杰伦却反其道而行，唱出了不一样的味道。

追求反差、新鲜、差别，其实是人类潜在的需求。如果什么都和别人一样，那你的优势在哪里呢？

做别人做不到的事。这里有两层含义：第一是你拥有别人没有的能力，所以你做到了别人做不到的事；第二是你做了别人不想做的事或不敢做的事。做别人想不到的事，日积月累，你就能做到别人做不到的事。关于如何拥有别人没有的能力，我在后面章节会详细谈到。成功者之所以取得成就，就是因为他们能做别人做不到的事。这看似不是真理的真理，却包含了太多的内涵。

有一技之长，普通人也可以成功逆袭

类似"逆袭"这样的故事，每天都在人们身边上演着。

　　香港著名谐星王祖蓝于2015年与国际华裔小姐李亚男在香港结婚。很多人都知道，王祖蓝身高约162cm，而李亚男却是个175cm的长腿模特。这让很多人诧异，王祖蓝是靠什么把李亚男给抢到的？

　　王祖蓝家庭背景并不显赫，在他年幼的时候，父亲不幸因病去世，留下他、妈妈和弟弟妹妹。身为家里的长子，王祖蓝早早就挑起了家庭的重担，靠给电台兼职写稿、配音来贴补家用，生活过得十分清贫。

　　然而，就是在这样的家庭背景之下，王祖蓝并不服输。他依靠自己独特的搞笑技能，博得了众多观众的喜爱。从此，他一步步走上了事业辉煌之路。

　　在追李亚男的时候，王祖蓝曾经遇到5个对手。这5个对手，不乏"高富帅"，可是王祖蓝却凭借坚持和独特的魅力，击败了5个情敌，上演了一出"矮穷矬"逆袭"高富帅"的现实版好戏。

王祖蓝成了许多人的偶像。他凭借自己的一技之长，最终成功。

来到大都市的你，其实都怀有一个远大梦想。于是，很多人都会想，哪天能够逆袭"高富帅"呢？我做不了富二代，那我就做富二代的爸爸。然而，当别人起点比你高时，你怎么有勇气告诉自己，你能够逆袭他们？

首先我们看看"逆袭"的定义。逆袭，网络游戏常用语，形容本应该失败的行为，却最终获得了成功的结果。然而，很多人的失败，其实早已注定。不学无术、整天无所事事，没有一样拿得出手的本事，你要如何成功？

一次，我去人才市场招聘时，遇到一个求职者。他50岁了，但是看起来比实际年龄要小。他要找的岗位是普工。但是相对于普工这个岗位来说，50岁还是大了。所以我叫他看看其他企业是否有适合的岗位。但是他不放弃，由于应聘的人太多，我就没怎么理会他。没想到他竟然等我等到了中午12点。

他说他非常想应聘我们公司的普通岗位。于是，我认认真真地看了他的简历。从开始工作起，他都是做普工，只是行业不一样。

我跟他简单聊了一下，问他怎么这辈子都在做普工。他说小时候家里穷，18岁就出来工作。由于没学历、没技能，而且当时年纪比较小，为了生活，就进了一家公司做了普工。工作几年，由于在大城市的生活消费太高，他也没存什么钱。他想做些有点技术含量的工作，可是企业招聘都需要专门的技能。他想去学习技能，却发现学费太贵，最终还是放弃了。

再过了几年，他就结婚了。本来他想结婚后，可以去学点东西，可是有了小孩后，生活压力太大，为了养家糊口，他只能继续做普工。等小孩大了之后，又要读书了，他就更加没有时间、精力、金钱去提升自己。

人一生的发展是有"惯性"的。一旦进入一个"平庸"的死循环，你就很难再走出来。就像一个人掉进了泥潭，如果置之不理，就会慢慢陷下去。为了摆脱泥潭，大部分人会本能地挣扎。然而，如果方法不对，时间长了，当你发现无论怎么挣扎都无法挣脱出来时，你就失去挣脱的欲望了。这时，你只会越陷越深，最终被淹没而失去生命。很多人职业上的发展，就像陷入泥潭一样，要么无法自拔，要么胡乱挣扎，最终的结果都一样，不甘心却只能接受命运的安排，平庸地过完一辈子。这并非他内心不想改变，而是真的没什么资本可以让他改变。如果置身泥潭而手里什么东西都没有，你是不可能挣脱出来的。

"如果我有一技之长，或许，我的生活就不会是这样。至少，我可以凭借着它，获得一份能够让我不断增值的工作。"这是他对我说过的最让我谨记的一句话。

是的，你需要抓住一根绳子，哪怕是一根草，你才有可能挣脱出来。绳子越结实，你抓得越紧，你获救的希望就越大。

想做理想的工作，可是却没有一技之长，这是很多人的悲哀。当你真正拥有了一技之长，你的生命或许就会大不一样。那一技之长，就是能够把你拉出泥潭的绳子。

根据美国波士顿咨询集团最新公布的全球财富报告，2014 年全球百万富翁数量达到 1700 万个。他们控制着 164 万亿美元的个人财富，占全球私人财富总量的 41%。其中，中国百万富翁有 361 万个。

这个世界永远是按照"二八定律"在运行的。20% 的人控制着 80% 甚至更多的财富。据媒体报道，李嘉诚的孙子一生下来就是亿万富翁。对于"富二代"们来说，他们含着金汤匙出生，但对于更多的人来说，他们只能自己寻找这把金汤匙。

对于那些无背景、无技术、无人脉、无资金、无相貌的人来说，寻求并发挥自己的一技之长，才是你的逆袭之本。

　　　　方文山算是周杰伦的最佳搭档。周杰伦歌曲中大部分经典的歌词都出自他的神来之笔，如《东风破》《菊花台》《青花瓷》。

　　　　方文山虽然只有高中毕业，但是他写的词却被语文教材收录了。

仔细体味他歌词的精妙，发现它总能够直入人们的心扉。从《青花瓷》《发如雪》中江南水般的柔美，到《夜曲》"为你弹奏肖邦的夜曲，纪念我死去的爱情，跟夜风一样的声音，心碎得很好听"，无不让人陶醉。

在成名之前，方文山曾是一个防盗系统安装工程师，每天的工作就是去客户门前安装防盗器械。每次挖门洞的时候，就是他的文字灵感最饱满的时候。他会把自己的灵感用美丽的文字记录下来。

就这样，他一边干活一边记录下这些让他兴奋不已的文字精灵。经过大半年的积累，他竟然写了200多首歌词。他选出自己最得意的100首装订成册，寄了100份到各大唱片公司。没想到如泥牛入海，毫无音信。但他并不伤心绝望，因为他对文字有发自心底的热爱，他相信自己的这份才能。

1997年7月7日凌晨，他像往常一样去安装防盗系统。这时，有人打电话给他。这个人叫吴宗宪。从此，方文山的词为大众所喜爱。

美妙的歌词，就是方文山能在娱乐圈中脱颖而出的资本。

这个世界是不公平的，因为每个人出生后，拥有的东西并不一样，包括背景、资源等。但是这个世界又是平等的，因为这个世界运转规律很简单，你能够为他人创造价值，你就能获得相应的回报。而你能为他人创造特别价值的依托，就是你的一技之长。

白手起家的故事，你会是主角吗？

没错，当先天条件比不上那些高富帅的时候，你或许会感到无奈，因为你似乎输在了起跑线上。然而，你现在在哪里不重要，重要的是你将要去哪里。**人生最可怕的事不是高富帅比你高，比你有钱，比你帅，可怕的是他们比你更努力。**

只要你不放弃，逆袭永远存在！每个人都不是天生的失败者。除非你告诉自己：我就是这样了，我相信命运的安排，我就是要过平庸的日子。

如果你自甘落后。我也没什么好说的了。

人生没有失败，你只是暂时没成功。如果你心中还有点梦想，你还想要过得比现在更好，只是现在你无法实现自己的目标，你的职业发展已经出现了停滞不前的情况，你感到力不从心，那就停止幻想，好好学习，让自己拥有一技之长。

什么是一技之长？可以是你拥有的某种才艺。但如果只有一技，还不足以让你不可替代。所谓"一技之长"，要求你必须做到第一。比如，你歌唱得比别人好，可以拿第一，那么唱歌就是你的一技之长。仅拥有"一技"，只可以让你混口饭吃，只有拥有"一技之长"，才可以让你立于不败之地。

拥有一技之长，会让你更容易得到你想要的东西。生活中的一技之长，会让你更容易获得友情、爱情，比如擅长打篮球、弹吉他的男生，会更容易得到女性的青睐；工作中的一技之长，会让你更加容易实现梦想，就像西单女孩、旭日阳刚，凭借着独特的嗓音和一把吉他，被人发现，登上梦寐以求的春晚舞台；创业中的一技之长，会让你的企业更容易生存，就像百度，只是专门做搜索，然而这样一个特长，让它生存了十几年甚至会是更长的时间。

人的潜能是无限的，就算最聪明的爱因斯坦，也只开发了自己大脑的10%。每个人，都可以拥有自己的一技之长，只要你想！也许有一天，当你努力了，你会发现，原来你唱歌那么好听，你的口才那么好，你画画那么有艺术味道！

问问自己，在未来的十年甚至几十年职业生涯里，你是否有一技之长，能够让你在未来的发展中立于不败之地呢？如果还没有，那就潜下心来，好好钻研打磨。我相信，当你拥有一项与众不同的技能时，你的生命之花会绽放得异常灿烂！

拥有一技之长，是你的矛，也是你的盾。

"行业小白"妙用职业杠杆最小代价转行

隔壁大妈对儿子喊："你看看人家的孩子，考试考了 100 分，多厉害。""妈，那不是我想过的生活，你看他每天埋头苦读多辛苦啊！"儿子回击道。"那你想过什么样的生活？""我想过自由的生活，不用那么辛苦读书，不用被老师管！"

隔壁老王的妻子对着老公喊："你看人家老公，在事业单位上班，朝九晚五，工资又高，又稳定！""那不是我想要过的生活，不是我想从事的职业！"隔壁老王反击道。"那你想过什么样的生活？你想从事什么职业？""我想要过一种更具挑战性的人生，我想从事的职业是销售！"

每个人都有自己想要过的生活，每个人都渴望选择自己想要从事的职业。在这个市场化的社会，我们有了更多的权利选择自己喜欢的职业，这是一件幸运的事。

可是有选择的权利，并不代表你就能够随意地选择，因为现在就业都是双向选择。

小 F 找到我，向我诉说了她的烦恼。

她大学学的是计算机专业，毕业之后顺理成章地做了计算机的工作。可是做了两年，她发现自己并不喜欢计算机工作，也不是很擅长，职业发展一直停滞不前。经过了解，她觉得自己对广告策划很感兴趣。可是，她对广告策划这个工作只有表面的认知，没有一点行业经验和工作经验。如果贸然离职去找广告策划工作，肯定会碰一鼻子灰。而且，刚刚转行，如果是零经验，肯定只能从最低的工作岗位做起。最低的工作岗位，意味着低薪资。

她很苦恼，一方面，她想从零经验进入自己喜欢的行业；另一方面，她又不想从事低端工作。

这是很多转行人士的苦恼！所以他们总在纠结要不要转行。其实我觉得，只要目前这份工作没有发展性，不是你喜欢的，不是你擅长的，你就应该勇敢地跳出来。毕竟，追求幸福没有错。

可是有很多人却说：转行，摆在我面前的困难太多了！例如，我要如何顺利进入这个行业？我要如何保证自己生活和职业转换的平衡？确实，在职业规划面前，理想在现实的照耀下有时会显得很苍白无力。在招聘启事中，用人单位常常把工作经验列为第一项。隔行如隔山，这一点，把很多人挡在了自己喜欢的职业门外。很多朋友想转行，却始终没有勇气跨出第一步，很大的一个原因是面对一个陌生的行业，不知该如何着手进入这个行业。

但就算是这样，也不要气馁，只要你有决心，你一定可以从事自己喜欢的职业。因为我也曾经历过很多职业的转换。只是，我把职业转换的尝试时间，放在了大学期间，所以相对来说，我的转行比较顺利，基本上没什么波折。

在这个世界上，总有一个人从事着你想要的工作。

对于一个行业小白来说，进入一个全新的行业，职业发展的杠杆原理最有效。阿基米德曾说过："给我一个支点，我就能撬动整个地球"，这就是我们常说的"杠杆原理"。杠杆原理在力学中具有很重要的地位。在从事职业规划工作的过程中，我结合很多人的实际需要，总结出了职业规划的杠杆原理。这对一个人的职业规划的帮助是巨大的，特别是针对转行或者想进入一个陌生行业的朋友。

无论你的梦想有多大，目标有多大，你想要过什么样的生活，你想要从事什么样的职业，在这个世界上，你想要从事的职业，至少有一个人已经在从事并且已取得成功。你要做的是，找到这个人，和他产生关系，让他带你进入这个行业。

汪涵是湖南卫视当家主持人，也是国内著名娱乐节目主持人。然而，如

在最能吃苦的年纪，遇见拼命努力的自己

今稳坐湖南卫视主持一哥宝座的汪涵，却有着一段鲜为人知的辛酸成名史。

1996年，汪涵从湖南广播电视大学毕业后，在湖南经济电视台做了两年剧务。当年的汪涵什么事都敢干，比如没有学过任何摄像技术，他就敢扛着摄像机去探班《还珠格格》。"当时范冰冰、赵薇只有十几二十岁，我看见人就冲上去了。那是我第一次扛摄像机，回来一看拍糊了，根本看不出谁是谁。"

刚进湖南经济电视台的汪涵只能在演播厅里发矿泉水。"我在湖南经济台做了两三年的剧务，就是负责给录制现场的观众发发矿泉水、讲讲笑话、逗表情，说白了就是勤杂工。第一次在电视上露脸，还是在一个节目的插片里面演了一回'宁采臣'，现在看起来样子好傻的。"提起这段经历，汪涵没有丝毫掩饰。

有一段时间，汪涵给湖南台的一档节目《真情》做剧务，这成了他命运的最大转折点。那时，台领导正在考虑让谁担任男主持。这时，《真情》的主持人仇晓说了一句话："可以让汪涵试试，这男孩子还不错！"这句话改变了汪涵的一生。

从此，靠着仇晓这句话，汪涵踏进了主持这一行，并且取得了巨大的成功。

每个人都需要一个贵人。如果能够遇到一个贵人，对你的职业发展会有很大的帮助。这个贵人，可以是你的学长，你的领导，也可以是这个行业的佼佼者，关键是怎么和他们产生关系。平时，你可以多参加一些行业论坛，认识这个行业的优秀者，跟他们聊天，了解这个行业的发展前景、从业要求等。等你找工作的时候，他们很可能会帮你一把。

无论你的梦想有多大，目标有多大，你想要过什么样的生活，你想要从事什么样的职业，你想要的一切，在这个世界上，除了你想要之外，也有另外一些人想要。你要做的是找到这群人并和他们合作。

Part 2 三十而立，"立业"的"立"

郭德纲，生于 1973 年，原籍天津，自幼酷爱各种民间艺术。

在他 8 岁那年，也就是 1981 年，中国刚刚改革开放不久，有眼光的人上大学的上大学，经商的经商，家长们更是高瞻远瞩地让自己的孩子"十年苦读，一朝成名"。但是，郭德纲投身艺坛，先拜评书前辈高庆海先生学习评书，后来又跟随相声名家常宝丰先生学相声，郭曾得到许多相声名家的指点传授。

1995 年，郭德纲第三次到北京的时候，22 岁的他已然是一名老相声演员，并组建了自己的相声团体"德云社"，开始在北京天桥剧场旁的"天桥乐"茶馆，以最低 20 元、最高 60 元的价格进行相声表演。

这个时期，相声的受欢迎程度并不高。

与此同时，讲相声的于谦，也在坚持着。他觉得一个人讲相声太难，必须要找到一个人，这个人必须是相声行业的佼佼者。于是，他找到了郭德纲。于谦名气并没有郭德纲那么大，但是，相声不是一个人就能演好的，因为单口相声仍然没有双人相声那么有感染力。郭德纲也意识到了这一点，所以，他和于谦合作了。

到现在为止，郭德纲和于谦已经合作了将近 20 年。这近 20 年来，他们相互帮助，相互支持，把相声行业发展到了一个新的高度。

所以，如果你想从事一个职业，可以找一位志同道合的朋友，相信对你的职业发展会有很大的帮助。

无论你的梦想有多大，目标有多大，你想要过什么样的生活，你想要从事什么样的职业，你想要的一切在你达成目标的过程中，会有很多人从中受益。你要做的是，找到这些人并让他们为你工作。

这个杠杆原理适用于创业者。**无目标的人永远为有目标的人打工，无规划的人永远为有规划的人拼命。**如果想创办一个企业，就要学会招募跟你有同样梦想的人一起工作。比如刘备三顾茅庐请来诸葛亮，最终拿下西川成大业，和曹、孙成三足鼎立之势。

这个世界啥都不缺，缺的是观念。很多东西，只要你转换一下思维，就会豁然开朗！**没有不能取得成功的职业，只有不能取得成功的人！**多多利用职业发展杠杆原理，你会获得不一样的职业生涯发展。

关于转行的最后一点"啰唆"

提升自己。从事任何职业，你都必须要考虑的问题是，你是否能够把这份职业做好？如果你做不好，就算再喜欢也没有用。所以，在转行之前，你必须提前了解这份职业。了解它的前景、需要的技能、素质、工作内容等。关于这些，建议大家可以到一些招聘网站、行业论坛看看相关岗位的工作要求和具体工作内容。然后，针对相关的要求，提前提升自己各方面的能力。例如，你如果想转行做销售，那基本的与人沟通的能力还是要具备的。如果你这方面的能力稍微差一点，那就要有针对性地去提高。一份职业的成功，本质上需要你做好，并做出企业想要的结果。

尽量转到跟自己原来的职业所需的技能、知识、经验相关的职业。这样做，主要是让你以前的知识经验可以得到传承，同时也可以降低转行成本。比如，你以前是行政岗位，现在可以转到人力资源岗位。

但是对于大多数人来说，转行都是转到一个完全陌生的行业，所以从事的岗位往往是完全不一样的。例如从人力资源转到销售，那就是完全不一样的职业了。对于这种转行，我们的职业规划杠杆原理可以帮助你进入一个完全陌生的行业。

要对自己的行为负责。很多人转行，完全是一股脑冲动的行为。因为不喜欢现在的职业，所以马上要转行，根本就没考虑下一份职业是否适合自己。所以，在转行之前，一定要先做职业规划，要做到知己知彼，百战不殆。否则，很容易让你陷入不断转行的怪圈之中。

工作经验的积累。大部分人转行的障碍是工作经验。如果你想从金融行业转行到互联网行业，那你就要在平时注意积累互联网方面的经验。没有经历过很难说有经验，但是你可以从学习中获得一些经验。你可以参加一些行业论坛，了解你意向职业的重点工作模块是哪些，然后有针对性地学习这方面的知识，并按照方法操作，以增加自己的经验。

例如，在毕业后的一年，我没有绩效管理工作经验，公司也不会给我这样的平台积累工作经验。所以，我就自学了绩效管理方面的理论知识。在实操方面，我给自己的同事做了考核表，试着制定目标，然后按照流程走了一遍。整个流程走下来，我基本上掌握了绩效管理的一些操作方法。虽然生疏，但也算有绩效管理方面的工作经验了，这为我以后转做绩效管理工作打下了基础。

考这个行业的相关证书。 很多人觉得考证没什么用，但考证的好处，不仅仅是企业看重这个证书，更重要的是，通过考证的过程，你就有机会认识这个行业的人，可以学到更系统的知识技能，这对你以后进入这个行业会有很大的帮助。

内部转行。 转行有职业的换行和行业的转行。职业的转行，例如从医生转行为护士。行业的转行，例如从制造业转行为医疗行业。有些职业，每个行业都有。例如财务，每个行业都需要。有些职业，只有特定行业有，例如医生。现在很多企业都支持内部转行，例如做技术的转做销售。如果你想转行，可以先从公司内部寻找机会，这样可以降低你转行的风险。当在公司里实在找不到你喜欢的岗位时，再考虑从外部寻找机会。

适当降低对岗位的薪资福利要求。 如果要转行到一个自己从来没有接触过的职业，那就相当于从零开始了。如果我们很渴望进入这个行业，那就可以适当降低对相关岗位的薪资福利要求。毕竟蹲得低，是为了跳得更高。等我们有机会进入自己喜欢的行业了，积累够了，做出成绩了，再来谈发展也不迟。

转行不可怕，可怕的是找不到自己的方向！啰唆得再多，我也是希望可以帮助大家以最好的方式和最小的代价，找到自己一辈子的事业。毕竟，没有比从事着自己喜欢的工作更幸福的事了。

那些你不知道的招聘潜规则

一直以来，我做 HR（人力资源）的宗旨就是帮助更多的人找到工作，帮助更多的人成长。每次，当我招到合适的人才的时候，会非常开心，不仅仅是因为完成了任务，更重要的是又帮助别人找到了工作。

做了这么多年的 HR，见过形形色色的求职者。有的求职者，就像人生的过客，从不在我生命里留下印记；可有的求职者，却在我的脑海里留下了深刻的印象。

一年冬天，由于公司不断发展，需要扩大招聘的规模。

有一天，前台通知我，有人应聘。我有点纳闷，因为下属都出去公干了，并没有告诉我今天会有求职者过来面试。由于刚好忙完了手头上的事，我就去前台看了看。

这是一位看起来比较年轻的小伙子，穿着非常朴素，但是很精神。

他看到我，马上迎上来，跟我握手，给人的初步印象还不错。我问他是否带了简历，他便从包里拿出了一份递给我。我问他应聘什么岗位，他说什么岗位都可以。我一听有点诧异，要求他自己先确定一个岗位。在支支吾吾了一会儿之后，他终于说要应聘一个普通的职员岗位。

我认真地看了他简历，却发现他已经35岁啦。我完全没有年龄歧视，毕竟谁都会老。我吃惊的是一个35岁的人却还不知道自己要在哪个岗位上发展，甚至应聘的只是一个普通的职员岗位。

我邀请他坐下来，问他为什么不请自来了。他说在网上投了很多简历，但没有企业打电话给他，所以，只好今天主动过来，希望我能给他一个面试的机会。我看他挺真诚的，就决定跟他沟通一下，看看他面临怎样的问题。

沟通后，我才发现，他对自己未来的职业发展完全没有规划。他做了很多工作，却没有一个工作是超过一年的。他工作了很多年，却没有自己的核心竞争力。虽然他一再表示，他只需要一个普通职员的岗位，可是公司所有职员岗位，都倾向于招聘"90后"，因为各部门的负责人，其实也就30岁左右。试想一下，一个比你年龄还小的人整天指挥你去做一些具体的事，那是多尴尬的一个场景。

面对这样一个求职者，我试图了解更多。他跟我说，他家里有一个5岁大的小孩，妻子也在深圳上班。他最近一直在找工作，没有收入，所以，在没有面试的时候，他会去载客，以帮补家用。对于未来，他只有迷惘和不知所措。

听了他的话后，我心情其实很复杂。我想尽力帮助他，可是我搜遍了公司所有的岗位，却发现真的没有适合他的岗位。企业不是慈善机构，我的职责是帮助公司招到合适的人才，如果只是为了帮助他而留下他，恐怕会害了他也害了公司。因为我希望他找到一份更有发展前景的工作并从基础做起，不要再这样下去。

我委婉地告诉了他面试的结果，并给了他一些求职和职业规划等方面的建议。他很感激。我希望他能够快速找到自己未来的方向，不要再像35岁之前那样，毫无目标地生活。

以上是我在招聘过程中的一个真实的案例。其实这样的故事每天都在不断上演着。

这些故事的主角，或许都存在着这些特征：

◆ 没有选择好自己的第一份工作。

◆ 没有一份干得长久的工作（3 年以上）。

◆ 没有自己的核心竞争力。

◆ 没有目标和未来规划。

◆ 35 岁了，还在不停面试，换工作。

◆ 面临巨大的家庭、生活压力，不得不继续走着以前的老路，改变已变得奢侈。

如果上述特点你具有 3 个以上，那就一定要停下来好好思考一下下一步该怎么做了。

我从大一就开始研究职业规划与自我探索，至今已有十多年的时间。在这个过程中，我也曾经迷惘过，所以看了很多关于职业规划和职业发展方面的书籍，并且运用职业规划工具对自己进行职业定位。庆幸的是，我用了一年时间摸索，很快就将自己的职业定位在人力资源管理上。可以说，我是职业规划的受益者。

由于工作的关系，我接触了很多人，也看到他们身上有自己曾经的影子。当看到那么多人在迷惘中生活而找不到人生方向时，我心中萌发了要帮助更多人找到人生方向、取得职业成功的梦想。

谁的青春不迷惘！或许，每个人都会经历迷惘的阶段。可是，有的人在经历短暂的迷惘之后，马上就能清晰起来，进而获得职业成功；而有的人，则会继续迷惘下去，就像一艘失去航向的船，永远找不到成功的彼岸。

为什么别人都可以走出迷惘，你却不可以？经过多年的研究和实践，我发现，很多人对企业的一些招聘潜规则并不清楚，从而长期处于迷惘状态。如果不知道这些招聘潜规则，你将可能永远迷惘下去。为了能够更好地帮助大家，我把这些潜规则整理出来。

35岁是个坎

35岁是个坎。一般人到了这个年龄，都会面临婚姻、家庭、工作三座大山的压力。而在职业发展过程中，"35岁危机"是职场发展的一种常见现象，即许多用人单位在招聘员工时，都会有这样一个隐性规定：只要35岁以下者。这种"35岁危机"对求职者的影响非常大。许多人在过了35岁之后，都面临找工作困难的问题。

"上有老，下有小，找工作嫌你老，想退休嫌你小。"如今，"35岁"对很多求职者来说成了一个非常尴尬的年龄。为什么不是30岁或40岁？为什么用人单位偏偏将招聘的年龄卡在35岁这个坎上？其实，这些都是中国长期形成的"招聘文化"的一个缩影。早在改革开放初期，我国大兴用人年轻化之风，当时就将基层年轻干部的年龄界定在35岁以下。从那以后，人们普遍用35岁来衡量人才年轻与否。

其实企业也不是不招35岁以上的人，但大部分都是中高层岗位。99%的企业都不会在基层岗位用35岁以上的人。一旦你在35岁之前不能建立自己的职场竞争力，爬上中高层的位置，而一直徘徊在基层岗位，或者在企业里不能获得难以取代的位置而不得不去找工作的时候，那么你将面临失业的可能。

所以，一定要在35岁之前给自己一个清晰的定位，并不断提升自己的职场核心竞争力，让自己变得不可取代，不要给自己35岁再去找工作的机会。

企业都喜欢忠诚的人

当一个HR翻开一份简历，首先会看的是应聘者在上一家公司的工作时间长短及工作以来跳槽了几次。如果你一年内换几份工作或者没有一份工作超过1年的，基本上你的简历会被归入"不合格"一类。

当一个人能够在一家企业待到3年以上或者更长时间，他获得晋升的机会比3年以下的人要多。很多时候，企业内部的晋升，能力是其次的。比如，你刚进公司1年，而另一个人已进公司5年，面对同一个晋升机会，只要他的业绩还不错，即使你能力比他强，领导也可能会提拔他。因为中国的一些企业领导的哲学是：他都跟了我那么多年了，是时候给他一个名分了。

企业都喜欢用忠诚的人。因为要吃透一个行业，至少要 5 年以上。你的忠诚意味着你丰富的行业经验。另外，忠诚还意味着稳定和对未来职业规划的确立。在招聘过程中，有个规律就是"从过去看未来"，即通常招聘方认为，过去稳定的人，未来也会稳定。

学历是敲门砖，学习力才是未来的保障

"学历代表过去，能力代表现在，学习力代表未来。"这句话其实是一个国外教育机构的研究结果。在招聘岗位的要求中，每个企业都会写上学历的要求，学历已成为进入企业的敲门砖。然而一旦进入企业，它便不会再看你的学历是什么，而只看你在工作中的业绩表现，这些都是靠能力说话的。所以，现在的企业越来越看重一个人的学习力，即为保持自身竞争力而持续学习的能力。

微软公司人力资源负责人曾对前来应聘的大学毕业生说过这样一段话："你的文凭代表你过去的文化程度。现在公司给你的薪水是对你过去文凭的认可，但有效期只有 3 个月。要想在这里长久工作下去，并且取得成功，就必须知道该学点新知识。如果不知道该学习些什么新知识，你的文凭在这里就会失效。"这位人力资源负责人是要告诉我们：企业招聘人才，文凭只是敲门砖，学习力才是决定你未来的要素。学习力决定你的竞争力。

现代社会，知识和技术不断更新，大学里所学的知识和技能用不了几年就已经过时淘汰了。我们现在所掌握的一切技能，很有可能在不远的将来就被新技术取代而毫无用处。在企业看来，文凭只是一个知识积累的标志，企业用人更看重的是发展潜力与解决实际问题的能力。如果我们不及时学习新知识和新技能，空有一纸文凭不仅对企业毫无价值，对我们的伤害会更大。

学习能力是唯一可以无限再生的资源，而且一个人、一个组织的学习能力是其他任何人、任何组织无法购买、复制和模仿的。美国壳牌石油公司有一句话："**唯一持久的竞争优势，或许是具备比你的竞争对手学得更快的能力。**"

口才是你职业发展的利器

很多人读了4年大学之后，学到了很多知识，走出社会之后，却发现无法将这些知识表达出来，也不能很好地与别人沟通，可想而知，其职业发展肯定是天方夜谭。

在这里，我所说的口才并不是要求你出口成章，而是要敢于说，能把自己的观点很好地传达给别人，并能够很好地倾听。

在职场中，沟通与表达无处不在。面试需要你良好的表达，在群体面试中，如果你一句话也不说，恐怕你再有能耐，也不会被企业录用；会议中需要表达，你需要不断发表你的看法，别人才会了解和支持你；平时的工作中需要沟通表达，只有你说了，同事才知道你需要什么。

口才与我们的职业发展息息相关。"一人之辩，重于九鼎之宝；三寸之舌，强于百万之师。"卡耐基说过：一个人能够站起来当众讲话是他走向成功的第一步。口才对我们来说，是如此的重要，如果你不善表达，就要加强这方面的锻炼。我相信，拥有良好的口才，会让你在职场中更加从容自信！

清晰的职业规划，是你求职的基础

所有的求职，都需要你先确定求职的岗位，而不是跑到企业招聘负责人面前说：先招我进去，我能做所有的岗位。如果是这样，那你求职时基本没戏。就算你是应届生，企业也会给你一个特定的岗位。清晰的职业定位，是目前企业的招聘趋势。

所以，如果你还没有找到人生的定位，那就赶紧找到它。

好工作不是找出来的，是被"挖"出来的

做了那么久的 HR，经常会遇到朋友这样的求助：帮我介绍一份好工作吧！

每次听到这些求助，我都会问他们："那你觉得什么是好工作呢？"

"有发展前景的。"

"自己喜欢的。"

"工资高的。"

"轻松点，离家近的。"

"可以学到东西的。"

"有良好的社会地位的。"

…………

每一个人对好工作的认识标准都不一样。有的人的标准是工资高，有的人的标准是轻松，有的人的标准是可以学东西，而有的人的标准则是钱多、事少、离家近。

然而不管什么标准，选择总是矛盾的。选择了钱多，你肩上的责任就大，压力就大，你就没办法轻松了；选择了离家近，或许你就无法选择喜欢的工作；选择了自己喜欢的，或许你就无法拿高工资……人生不如意事十之八九，很多事都不是按照你的意愿发展，职业选择更是如此。

很多朋友看到这里，或许会反对我说，有钱多、事少、离家近的工作啊，比如老板。老板多好啊，每天不用打卡，想睡到几点就几点，来公司也是喝茶，甚至还可以在家办公。

我听了之后就笑了，这就是典型的只看到别人成功的光鲜，看不到别人在被窝里哭啊。老板每天为了公司能够生存下去，管的事太多了。资金流、交货期、库存、客户满意、员工的工资……

我认识一个老板，公司挺大的，也赚了不少钱。可是他年纪轻轻，晚

上经常睡不着，因为怕公司的产品质量出问题，怕资金链断裂、怕发不出工资……每天想的事情实在太多了。赚了钱，肩上的压力就大了，因为公司几百人的命运就在他手上，他能安心吗？就算在家里，也是心系公司的运营啊。

所以，停止对"钱多、事少、离家近"的所谓"理想工作"的幻想吧。这个世界根本就不存在这样的职业，如果有，那也是成功学家编出来骗你的。

商业规则从来都是价值等价兑换。你的价钱，与你创造的价值成正比。

在人力资源管理薪酬模块里，目前大部分的企业的薪酬结构都是"基本工资＋绩效工资＋奖金"。基本工资是为岗位价值付酬，绩效工资和奖金则是为你创造的业绩付酬。几乎所有的企业，无一例外，薪酬都是划分等级的。一般等级越高，基本工资就越高。这是由这个岗位在企业中的价值决定的。比如人力资源总监岗位肯定比人事专员的基本工资要高。但人力资源总监的岗位职责和任职资格也肯定比人事专员的岗位职责和任职资格要高。在这里，我在前程无忧网站上找了一家公司人力资源总监和人事专员的岗位职责和要求（见表 2.1）做说明。

这是一个年薪 70 万的人力资源总监岗位和一个年薪 6 万左右的人事专员岗位的职责和任职资格。

"拿得起这份工资就要对得起这份工资"，这是职业人士对岗位职责的最职业的认知。能拿得起 70 万年薪，那你就要能够给企业创造超过 70 万的价值。如何创造超过 70 万的价值，是由你的能力、知识、技能、人脉、价值观、素养等决定的。所以，高价值就要靠高任职资格来保证。因此，要想拿高工资，就要负更多责任；要负更多责任，就要有高能力、丰富的知识、熟练的技能、优秀的素养。

在 2015 年华为的应届生招聘启事中，本科应届生起薪 1 万，硕士起薪 1.5 万。很多朋友会羡慕他们的高工资，但他们进去之后，却面对着高的业绩要求，还会面临末位淘汰的压力。所以，你还要有足够的实力继续待下去。

在最能吃苦的年纪，遇见拼命努力的自己

表 2.1　人力资源总监与人事专员岗位职责和要求

项目	人力资源总监	人事专员
岗位职责	1. 参与公司整体战略制定，按照公司总体战略要求及发展目标，制定公司人力资源战略及中长期人力资源规划 2. 向公司决策层提供有关人力资源战略、组织建设等方面的建议，并致力于提高公司的综合管理水平 3. 拟定人力资源成本预算，监督控制预算的执行 4. 深入理解业务，参与公司组织结构的设计和优化，参与公司流程建设，提高组织效率 5. 根据公司发展的需要，制订并执行人员招聘计划，建立和完善公司的招聘体系 6. 做好员工职业生涯发展规划，负责制订后备人才选拔方案和人才储备机制 7. 负责高层人才的招聘引进工作，完成相关层面核心班子的搭建工作，同时有效促进公司人力资本增值，加速人才培养机制运转，促进人才供应链的完善 8. 制定、推行、监督和完善薪酬、激励、绩效管理等各项人力资源制度 9. 指导和监督人力资源各模块工作的开展，高效处理人力资源日常工作 10. 处理公司经营管理过程中重大的人力资源问题，制订应对人才竞争的各项方案 11. 组织和推动企业文化建设 12. 完成总经理交办的其他工作任务	1. 根据公司业务发展，完成公司的招聘及培训任务 2. 负责公司人员编制及社保管理，并合理控制人力成本 3. 负责人力资源系统维护，确保系统数据的完整性、准确性 4. 完成上级领导交办的其他事宜

续表

项目	人力资源总监	人事专员
岗位要求	1. 人力资源、管理或相关专业背景，硕士及以上学历 2. 8年以上相关工作经验，5年以上人力资源总监工作经验 3. 拥有较为丰富的全球500强企业或上市公司、集团总部人力资源管理实践经验 4. 对人力资源管理模式有系统的了解和实践经验积累，有先进的人力资源理念，能够指导各个职能模块的工作 5. 具备极强的领导及管理能力，善于沟通，具备出色的组织协调能力及分析判断能力 6. 熟悉国家、地区相关方面的法律法规及政策 7. 对工作充满热情、富挑战精神和创新意识	1. 人力资源或相关专业大专及以上学历，1年以上人力资源工作经验 2. 熟悉人力资源管理各项实务的操作流程 3. 有较强的沟通、协调能力，有团队协作精神

一旦你的实力提升了，你能够承担起更多的责任，那高工资自然而然就来了。很多时候，**好工作不是你找来的，而是它自己来找你的**。比如，能够做到总监级别的，换工作时，要么是猎头来找你，要么是公司 HR 来挖你。这个时候，你还会愁高工资吗？

其实，一个人的真正价值，是由自己决定的。

很多朋友一年一换工作，期望通过不断换工作来改变命运。当然，我并不是反对换工作，人才合理流动是市场的必然规律，当工作确实不适合自己时应该换。但如果是因为工资低而换工作那就有待商榷了。我认为，与其整天努力换工作，求工作，不如在一家公司好好待几年，好好提升自己，积累自己的资源，等到哪天厚积薄发，好工作自然会来找你。

没有人会在你只有人事专员能力的时候，让你去当人力资源总监，除非你是老板娘。如果有这样的企业，估计也倒闭了。

　　我认识一个人力资源总监，学历只有高中，但人很聪明，学习能力很强，上不了大学只因一时的意气用事。曾经为了找到一份养活自己的工作，他求爷爷告奶奶的，后来在一个朋友的帮助下，进了一家公司做人事助理。他对这份工作很珍惜，因为他知道，一旦离开这家公司，他又要过求爷爷告奶奶的生活了，因为他没有资本，没有企业会要他这种人。

　　所以，他在这家企业待了7年。在这7年里，他把几乎所有的工资都拿去学习了。为了升职，他参加自考并获得了学历。再后来，他还读了MBA（工商管理硕士）。

前面说过，学历是你的敲门砖，学习能力才是你未来的保障。敲门砖有了，能力有了，好工作自然就来找你了。

像我之前所在的公司，几乎所有的副总监级别的岗位，都是通过猎头或者HR挖猎过来的。我相信世界500强的企业也是如此。

曾经有人研究过，猎头关注的人才群体一般都是"四高"人才，即高学历、高职位、高价位、高稀缺性的人才。从特征上来说，这些人才往往具有以下8大特征：

◆ 在一家企业长期担任要职，职业发展稳步提升。

◆ 名牌大学毕业生或有专业机构、外资企业或国外留学经历者。

◆ 担任过大中型企业部门经理以上职位者。

◆ 行业稀缺技术人才或专业人才。

◆ 综合素质与管理才能出众者。

◆ 高速发展行业中的关键人才。

◆ 适应能力强、有专业头衔的领域专家。
◆ 技术性项目的带头人。

从岗位来说，猎头会光顾挖猎的岗位如下：

◆ 企业中高级管理岗位。如：CEO（首席执行官）、COO（首席运营官）、CFO（首席财务官或财务总监）、CHO（首席人事官或人力资源总监）、CIO（首席信息官或信息总监）、研发总监、市场总监等。
◆ 研发、生产、采购、营销、人力资源、财务、品质等重要部门的经理或项目负责人。
◆ 高级研发工程师（软件、硬件）。
◆ 具有发明专利的高级技能型岗位。
◆ 能独当一面，有专业知识技能的岗位，如高级培训师。
◆ 其他任职资格要求高的企业核心岗位。

如果你符合这些特征和这些岗位标准，那就要恭喜你，因为你不用再过着怕企业辞退、怕企业裁员、担惊受怕的生活。相反，企业会想尽办法留住你。你的加薪要求，福利要求，为配偶解决住房的要求，企业都会答应。比如我朋友所在的公司，薪资和福利采用的就是严重的倾斜政策。所有的薪资调整、福利，都一边倒向了企业的核心岗位，比如研发和销售。

这个世界的资源本来就是不平等的，我们也不应怨天尤人。因为就机会来说，永远是平等的。如果我们还没达到这个阶段，那就要努力朝这个方向努力。

什么是成功？成功就是从现实达到了理想。没有人天生就在最高的位置。分析一下你的现状，了解你的目标，接下来就是缩短现状与目标的距离了。很多朋友说：我有远大的目标，可是不知道如何达到这个目标。这个距离，会让很多人死在路上。这个距离，就是成功者和失败者的距离。

每个人都有职业规划，然而成功者和失败者最大的区别不是有没有做职业规划，而是怎样执行你的职业规划。

我也一直在思考这个问题。如何让你的职业规划不成为一纸空话？

没有轻易就实现的目标，没有不含汗水的果实，没有瞬间成流的大海。所有的一切都是靠一点一滴积累起来的。

几乎每个人都有想法，然而做到的人甚少。80%的人有想法，然而去做的只有20%，能够坚持3个月的人只有10%，最终能持续不断坚持做好一件事的，只有3%。这3%的人，就是成功到达目标顶端的人。

如果已经确定了自己的目标，就坚持下去。好工作不是被找出来的，而是被"挖"出来的。你若盛开，蝴蝶自来！当你内在的能量足以吸引一份好工作的时候，好工作自然而然就来了！

你不是在跳槽，是在拒绝成长

做 HR 那么久，被问得最多的问题是，我该不该跳槽？问得多了，回答得多了，我就一直想写一篇关于跳槽的文章。现在终于有时间，于是我决定写出来，希望可以帮助需要帮助的人。

朋友小 C 今天告诉我，他又准备跳槽了。当听到这个消息的时候，我一点也不诧异。

我问他，这份工作你才做了半年，估计刚刚熟悉，之前不是说会做得长久一点，怎么又跳槽了？

他答道，这家公司环境不大好，老板在工作上太严格，工作压力太大，同事关系太僵硬，办公室氛围太沉闷，工资还有点低。他一下

Part 2 三十而立，"立业"的"立"

子列出了很多理由，似乎想让我认同他的这种行为。

出于这么多年的 HR 工作敏感性，我对他提出的这些理由感到有点排斥。但是作为朋友，我又想帮助他。从 2012 年认识他，到现在已经 4 年多了。在这 4 年多里，我知道的他的跳槽次数就已有 6 次，做得最长的一份工作也只有 8 个月。这一次，我想好好地帮他梳理一下想法。

我问他：这么多年来，你跳槽那么多次，你觉得自己想要得到什么？我想知道他跳槽真正的动机。

他说，这份工作太辛苦，工资又不高，想找一份工资高一点的工作。

我很理解他。我相信很多人跳槽，都是因为这个原因，就是目前的工资太低了，而工作太辛苦了，相比之下，马上就觉得非跳槽不可了，仿佛自己多待一秒都是损失。追求高工资是每个人的愿望，但是高工资未必是跳槽就能够换来的。

我问他：那你跳了那么多次槽，工资提高了吗？

他低着头，没有马上回答我。我知道，其实他的工资并没有涨多少。他说，有几次不但没有涨，反而还降了点。因为辞职之后，一直找不到更好的工作，但是随着时间的推移，钱不够花了，所以就将就着接受一份工作，先养活自己再说，等有机会了再去找。有一两次涨了，但也只是涨了几百块。

我问他：那你觉得自己目前的工作可以通过跳槽涨工资吗？

他说，找了那么久，好像工资都差不多。

我问他：那你想过为什么自己跳槽那么多次，还是找不到高工资的工作吗？

他低头思考，似乎在回想过去的一切。许久，他说，或许是这些年来没有提升自己，由于工资低，工作起来也是敷衍了事，得过且过，等到实在无法待下去了，就要跳槽了。所以去了别的公司，也依然只能做和以前一样的事。

我庆幸他能够看清自己的问题的本质。我没有给他过多的建议，希望通过对话来让他自己思考。毕竟，一个人只有经过思考，才会真正受触动而去行动。

和他分开后，我希望他能够好好开始下一段不一样的工作旅程，而不再通过频繁跳槽来解决问题。

其实很多人，都陷入了这样的跳槽陷阱：刚开始工资低，做事也散漫，工作有困难就逃避，等到了一定的时间，想着要改变了，就要跳槽了。起初还是边工作边在外面面试，可是一直找不到合适的工作。于是，后来索性辞职了再找工作。由于在上一份工作中没什么积累，也找不到更好的工作。随着时间的推移，就慢慢开始怀疑自己，最后不得不降低要求，找一份比以前还不好的工作来过渡，伺机再换。这些人，我们称为"跳蚤一族"。然而，在一个地方没待多久，马上跳到另外一个地方，要取得大的职业发展根本是不可能的。

这些"跳蚤一族"，普遍存在以下特征：

◆ 只要在这家公司有任何不满意，都试图通过跳槽来解决。

◆ 没有在这家公司建立自己的核心竞争力，就跳槽。

◆ 工作遇到困难就逃避，抗压能力、工作能力始终原地踏步。

你以为你想跳槽到更好的公司，其实是在逃避眼前的压力；你以为你跳槽了就解决所以问题了，其实由于你能力不强，依然无法获得更好的工作；你以为跳槽了就不会再面对跟以前工作同样的压力，其实天下工作都一样。

面对眼前的压力，如果你无法解决它，那么换了下一份工作，你依然会逃避。但是，如果你迎难而上，将它解决了，你就成长了；换了下一份工作，你会更加从容应对。原来，很多人跳槽，根本就不是为了更好地发展，而是在拒绝成长。而拒绝成长的背后，就是永远与好工作无缘。

从事招聘工作的人都知道，招聘社会人员时，非常看重两个因素：一个是从业经验，一个是稳定性。从业经验，可以确保他能够胜任该岗位；稳定性，可以保证这个人才长期稳定地为公司服务。

而这两个因素的判定，一般都是根据你在一家公司工作的时间长短。长时间在一家公司工作的背后，还隐藏着很多优秀人才的信息。例如，他的绩效应该是优秀的，他才会得到这家公司的认可，从而可以让他长时间在一家公司待下去。否则，在竞争这么激烈的市场环境中，他早就被优胜劣汰了。

很多人说：我很有能力啊，只是我不想在这家公司待下去了。可 HR 会说，你那么有能力，也不是我们的菜，因为你来半年就跑，即使你能力再强，对我们的贡献也有限。所以，HR 在筛简历的时候，首先淘汰的是那些跳槽频繁，而且在一家公司工作没有超过两年的人。

我以前筛选简历时，对不同职级的人的跳槽次数以及他在一家公司工作时间的长短有不同的标准。对于所有岗位，如果候选人没有在任何一家公司待过 1 年以上的，基本 Pass（否决）掉；对于职员，如果在两家公司工作没超过半年就跳槽，基本 Pass 掉；对于主管级别以上的，如果没有在一家公司工作超过 2 年的，基本 Pass 掉。对于那些工作超过 3 年的，我都会优先录取。虽然现在招聘难，但有些基本的招聘原则是不能改变的。毕竟把一个人招进来，才做了不到半年就走了，成本恐怕会比你多花点时间和金钱去找一个优秀的人才高得多。

所以，你真的会跳槽吗？我每次看到那些乱跳槽的人，内心都有种冲动想告诉他，你所谓的"跳槽"，跳的不是槽，而是陷阱。这个陷阱，会让你的职业发展陷入恶性循环，让你越跳越差，越跳越矮！

跳槽前必问自己的 5 个问题

我现在的资历足够支撑我去找一份工资更高的工作了吗？ 公司不是慈善机构，而是需要创造绩效的地方。任何公司招一个人，都希望这个人能够帮助公司创造比他的工资高十倍的价值。所以，你要挑战高工资，就要让自己具备拥有高工资的能力。如果你跳槽的目的就是为了涨工资，那就先问问自己这个问题。如果还没有具备怎么办？先别跳槽，全心全意把目前的工作做好，积累与工作相关的项目经验。同时，要了解更高岗位的胜任力、素质和要求，对自己不具备的能力，要进行针对性地提升。

我真的是因为自己的发展才跳槽的吗？ 有些人发邮件问我，他是否该跳槽。我问他们跳槽的原因是什么。原因有很多，但无非都是这些：工作太辛苦、老板不好、工作太杂学不到东西、环境不好、同事关系复杂等。

我说你去到下一家公司还会跳槽。因为没有哪一家公司的工作是不辛苦的，没有哪一个老板天生就是好老板，也没有哪一个工作天生就能让你学到东西。你不改变，到了下一家公司还是会觉得工作辛苦，觉得老板不好，觉得学不到东西。

我从来不会因为工作原因、环境原因、公司原因离职。我离职的原因只有一个，那就是这份工作是否有利于自己的职业发展。因为所有的外在原因，都是促使自己成长的因素。如果我能够战胜它们，我将在职场上无往不胜！

回想一下，工作以来，你换了几份工作了？有没有一份工作超过 3 年的？是否每次遇到困难、厌烦就想逃避，结果换的工作越来越多，困难也越来越多，最终就无处可逃了。到了这时，你根本就不知道自己擅长什么，企业老板也不知道你能为他们做些什么了。

如果我全力以赴，现在的公司真的无法满足我对理想工作的要求了吗？ 一个人会离开一家公司，肯定是现在的工作条件跟自己的理想产生了差距。比如，希望升职。很多人在一家公司做了 2 年了，却始终无法得到提拔。这时候，他就想通过跳槽来实现自己的愿望。那么，你就要问问自己：在这 2 年里，我真的做到最好了吗？我是否已经全力以赴创造出超出领导期望的绩效？如果你已经做得足够好，但是公司始终无法给你升迁的机会，我赞成你跳槽，因为以发展为目的的跳槽，从来都是值得提倡的。

现在的工作真的没有我内心想要的东西了吗？ 一份工作，除了给你提供薪水之外，更重要的是让你积累成长的资本。很多人总盯着工资看，其实真正应该盯着的是，通过这份工作是否能够获得未来成长的资本，因为工资只是你成长的结果而已。如果只盯着那点工资，很容易让你放弃一份可能现在工资低但是未来工资高的工作。一个人的成长是靠时间堆积起来的。没有哪家公司会在你刚工作一年就请你去做总监，除非这家公司的老板是你父亲。

刚毕业的前 3 年，我的工资涨幅一直都只有几百块。很多人会说，3 年了才涨了不到 1000 块，你图什么呢？我图的就是在这里，领导让我自由发挥，我可以做我想做的项目。就这样，3 年后，我的工资涨了 3 倍。我也想要高工资，但我知道，当我还没有具备拿高工资的资本的时候，我唯一能做的就是潜心修炼。毕竟，我除了年轻，还有什么呢？

跳槽后，我真的可以保证自己不会后悔吗？ 很多人跳槽后才发现，现在的工作原来没有自己想象中那么好。但是开弓没有回头箭。因此，要让自己跳槽不后悔，不上演"跳槽穷仨月"的惨戏，我们需要做到：尽量不裸辞。

厉害的人都是等着别人来挖的，如果你还没有达到被挖的水平，那也可以来个"骑驴找马"，认真地了解自己想要去的公司。你可以请假面试，当一切都确定之后，再提出离职。当然，打铁还需自身硬，你需要提高自己各方面的能力，保证在面试时能够百面百中。因为面试是需要时间的，总是请假去面试也不好。记住：谨慎选择之后的跳槽，才是不后悔的跳槽。

所以，如果你还处在积累的阶段，离职之前，请你想一想，对于这份工作，你真的无法从中得到锻炼了吗？

衡量是否跳槽的标准

上面是跳槽前必须搞清楚的 5 个问题。如果你能够理清这几个问题，那么跳槽对于你来说，会百利而无一害。

对于跳槽者来说，跳槽无非就是追求更好的生活。所以，如果符合以下几个标准，我觉得你可以考虑跳槽：

工资比以前涨幅 20% 以上。如果你跳槽后只是涨了几百块钱，而且岗位又没有什么变化，我建议你还是老老实实地待在原来的公司。其实这家公司并不是很差，只是你无法接受它的一些客观存在。再坚持一下，你会得到更多。

职位升迁。职位升迁意味着职业的向上发展，更意味着高工资。这就是我们跳槽的目的。如果具备这一条，而现公司无法给你这样的职位，那跳槽就是自然而然的事了。

平台更大。这种情况不仅仅是指公司规模变大，更重要的是你的权力、职责的变大。这样你可以接触更多的东西，你做主的机会更多，你成长的机会就更快！

跳槽看似很简单，但真正要让跳槽变为职业发展的利器，我们绝对要做到的是，跳槽不是在拒绝成长，而是在这家公司成长后，再跳到另一家，去实现自己更大的价值！

最大的职业风险是不敢冒险

在做人力资源工作的过程中，我曾经遇到很多朋友这样抱怨：人力资源管理工作每天和不同的人打交道，都是有关别人利益的事，风险好大。这样说也有点道理。我曾经有个负责员工关系的朋友，由于辞掉了一个违纪的员工，下班后被那个员工砍了几刀。

很多职业，都会面临很多风险，例如被炒掉的风险，生命的风险。但我觉得，最大的职业风险，就是你不敢去做你想做的事，不敢去做冒险的事。很多时候，当我们安于现状，就会不想去改变。但如果不敢去做有风险的事，就注定与成功无缘。

最好的职业，往往是最有风险的。曾经在网上看到这样一篇文章：在古代，有这样一个职业，危险性非常大，死亡率非常高。这个职业就是皇帝! 有人做了大致的统计，发现中国历史上的皇帝被杀害率为 31%，活不到 40 岁的高达 50%，寿命超过 60 岁的只有 15%。

所以，有风险，才有回报。风险越大，回报越大。

那么，就现代而言，什么样的职业才是风险最大的职业？

面对人越多的职业，风险越大

一个国家的领导者，要面对的人最多，所以这个职业的风险最大。稍一不慎，可能就会被人民赶下台。他所做的决策，也有可能对这个国家的发展产生巨大的影响。

一个明星，要面对很多观众。有喜欢他的人，也有不喜欢他的人。所以，他必须时刻注意自己的言行举止，一旦表现不好，就会被人在网上骂得狗血淋头。你看网上，经常有很多观众在网上评价一个明星；明星走在路上，有可能会遭遇很多"黑粉"的袭击。

一个公司的老板，要面对公司的员工。一旦决策失误，就会引来公司所有员工的非议。他的决策也会对公司的成败产生决定性影响。

所以，面对的人越多的职业，风险越大，但是他们的地位也越高，这是相对应的。

未来不确定性越大的职业，风险越大

一个人选择创业，没有人可以保证他是否成功。所以，他投进去的金钱和时间，有可能全部做了无用功。

一个赌徒，没有人可以保证他能够赢。他可能一把就能全部赢回来，也可能一把全部输回去。

一个炒股的人，没有人可以保证他能够全部涨停。他有可能连续十几个涨停，也有可能连续十几个跌停。

这些职业，不确定性越大，风险越大，但是回报也越高。做老板，可能一年就能够赚到你几年打工的钱；炒股，也有可能让你的资本翻几番。

越需要时间积累的职业，风险越大

曾经有个做医生的朋友告诉我，他在做医生的前几年，由于没有取得执业证书，获得的工资只能够养活自己。那几年，他都是靠信念坚持下来的。工作几年后，他的经验积累了，等取得执业证书、住院医师证书之后，一切就变得好起来。医生是一个需要时间积累的职业，律师也一样。在美国，这两个职业的地位甚至比总统还要高。

由于这类职业需要时间的积累，不能马上看到收益，这让很多人无法坚持下来。所以能够坚持下来的，都是精英。虽然有可能会前功尽弃，但是一旦成功，回报也是巨大的。

失败的职场人，都只看到眼前的收益，而看不到未来的收益，所以注定与大回报无缘。这个大回报，包括经济上、人脉上、地位上的。

在一家企业里做着事务性工作的人，往往是最没有风险的，所以其收入常常最稳定，不会太低也不会太高。相比那些做销售的人，做事务性工作的人发家致富的机会几乎为 0，因为风险与机会是并存的。

所以，如果希望回报越大，那你就要冒越大的风险，这是商场亘古不变的真理。别想着今天做着文员的工作，明天就可以做总经理的工作；别想着今天做着普工的工作，明天就可以做老板；别想着今天做着一些事务性的工作，明天就可以管理一个团队。因为你今天所做的一切，决定了你未来能做什么。

很多人待在一家企业里，做着一些事务性的工作，朝九晚五，看似每天过得自由自在，日子过得也很滋润，但是当一年年过去之后，才发现自己慢慢"死掉"了。因为没有提前准备，等想到要发展的时候，已经迟了。这就是"温水煮青蛙"效应。

人不怕劳累，就怕不做冒险的事。特别是年轻的时候，我们要敢于做冒险的事，多给自己一点试错的机会。

1995 年，网易创始人丁磊由于觉得在电信局太过稳定，从电信局辞职，遭到家人强烈反对，但他去意已决，一心想出去闯一闯。

1994 年，丁磊第一次登录 Internet（互联网），开始接触互联网。

1995 年 5 月，丁磊来到广州，加盟新成立的广州 Sybase（数据库），在这里工作一年后离开。

1996 年 5 月，丁磊当上了广州一家 ISP（网络服务提供者）的总经理技术助理。这家 ISP 架设了 Chinanet（中国电脑联网）上第一个"火鸟" BBS（电子布告栏）。

1997 年 5 月，丁磊所在的 ISP 由于面临激烈竞争和昂贵的电信收费，几乎无法生存下去。他只得再一次选择离开。

1997 年 5 月，丁磊创办网易公司，占有 50% 以上的股份，成为真正的老板。之后，他大胆设想，用 163 这样一个数字来注册公司域名。就这样，丁磊走上了创业成功之路。如果丁磊没有冒险走出来，恐怕他现在还在电信局做一个小领导。

所以，什么才是最大的职业风险？不敢去冒险就是最大的职业风险，因为你有可能一事无成！勇敢地去做自己喜欢做的事，你可能会失败，但至少你也可能成功。但如果你不去做，你永远也无法成功！

DO YOUR BEST，YOUNG PEOPLE

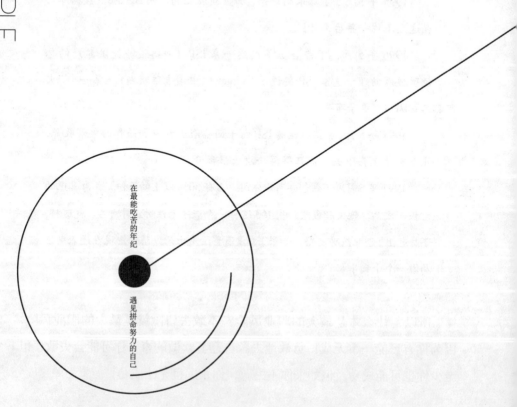

在最能吃苦的年纪

遇见拼命努力的自己

Part 3

奔跑吧，兄弟！小心绊脚石！

　　千里马，不一定是跑得最快的，但一定是耐力最好的。在人生长征的途中，我们会遇到很多不如意的事，可以抱怨，但必须忍耐；可以寂寞，但不能沉默。你可以起点很低，但是你的心、你的眼界一定要高！

现在做和以后做有什么区别？

在很小的时候，我们就梦想着长大后要当科学家，要当警察，要当超人拯救世界……长大以后，这些梦想都实现了吗？

其实我们每个人都不缺梦想，缺的只是踏踏实实实现梦想的过程。你是不是在心中无数次地想过"我想要……"，甚至可能为之还交了不少学费，但是这些梦想又有多少正在被你无限搁置和拖延？多少梦想被你的拖延毁掉了？

为了养生，你决定要晚上 10 点之前睡觉，可是到点时却对自己说，再晚十分钟就睡，结果不知不觉又到了 12 点；为了减肥，你决定每天早上起来跑步，可是躺在床上，留恋温暖的被窝，告诉自己，再睡十分钟就起来，结果一睡睡到太阳出来，跑步自然成了口中的梦想；为了增长见识，你决定每天都读书，当晚上终于有时间看书的时候，却发现好看的电视剧又开始了，就告诉自己，看完一集就看书，结果，看完之后却发现，自己已没兴趣看书，翻开书就想睡觉。久而久之，那本书就被丢在了一旁。

你为什么会拖延

也许有人会说：其实我也知道拖延不好，我也想改变，可是却无从下手啊！这是实话。如果真的要改变，就有必要了解一下拖延是怎么形成的。

对于要完成的事情，人们往往都会首先评估这件事的难易程度及所处的环境。在评估过程中，会产生一系列的恐惧、厌恶、痛苦情绪，这些情绪会阻止你采取行动。如果你内心的渴望无法战胜这些情绪，那你就会拖延了。当这一过程，即"目标→行动→评估目标难易程度→恐惧、厌恶、痛苦情绪→拖延行动"被不断强化之后，就会产生逃避机制了。

美国著名心理学家尼尔·菲奥莱博士的著作《现在就行动》中说："谁都希望事情有个好结果，但是当这样的欲求受到威胁或强压时，人就会变懒。"为了暂时能从对失败的恐惧中解脱出来，人们会拖延行动。因此，越是完美主义者或是因为小小失误而过度自责的人，拖延的情况就越多。

菲奥莱博士说，"意外的补偿"也是拖延症形成的原因之一。拖延虽然只是暂时性地从紧张中脱离出来，但在此期间却能从做一些无用的事情中得到快乐、得到"补偿"。再加上"要做的事情也许没用"的侥幸心理，就不仅为拖延找到了借口，也让补偿感成倍增长。

然而，你现在的拖延，就是你以后的迷惘。你现在的迷惘，就是你过去的拖延造成的。拖延是一个人走向成功之路的最大障碍之一！

比尔·盖茨创业前，正在哈佛大学读二年级。当他发现计算机这个巨大的商机时，就想辍学创业。当他把这样的想法告诉母亲时，她强烈建议他大学毕业后再说。他的母亲当时是美国知名的大律师，听到儿子这个想法后，动用了很多朋友来劝他，但是他的决心已定。

他曾约同班的另一位高才生同学，建议他一起创业，但他这位同学说："不行呀，我们现在还年轻，知识不够用，等我毕业后再说吧！"最终，比尔·盖茨顶住了来自家庭等各个方面的压力，毅然放弃学业，走上了创业之路。

当大学本科毕业时，比尔·盖茨又来找他那位同学，但他的同学还是说知识不够用，要等研究生毕业后再说。等到他研究生毕业后，比尔·盖茨早已成为亿万富翁。

如果比尔·盖茨当初有了很多想法，却没有去做，或者总是拖延，那么就没有现在的微软。所以，如果你有"梦想拖延症"，那就问问自己，现在做和以后做有什么区别？

你是否也有拖延的习惯？因为拖延，你不知浪费了多少时间，错过了多少大大小小成功的机会。所以，想成大事者，应当想到就立即去做，有了目标，就是要立即行动起来！光说不练，纸上谈兵，拖延应付，只会让目标成为一个梦。

看看我们身边的那些成功者，他们都是"想到就立即做"的行动家。"想到就立即做"是一种习惯，是一种做事态度，也是每一个成功者共有的特质。任何事情一旦拖延，就总会拖延；一旦开始行动，就有了转机。凡事及时行动就是成功的一半。有力量、有能耐的人，总是能够在对一件事情充满热忱时就立刻去做。因为他们知道，等待与拖延是成功的死敌。如果没有行动，再美好的梦想也只是泡影。

成功者都能理解这句格言："拖延等于死亡。"在这里，我有一些克服拖延的建议，大家不妨试一试：

切断一切干扰源——让自己更加专注

生活中，有很多干扰源，让你无法专心去做一件事。也许，每个人都有这样的体验：当你决定每周末都要去做一件事，例如培训时，你的朋友突然约你打牌，这时你可能会想，反正培训什么时候都可以，加上最近有点累，不如去和朋友娱乐放松一下吧。于是，你就落下了一次培训。长此以往，当养成这种习惯之后，恐怕培训提升就成了你生活的附庸，而其他不重要的事情则成了你生活的主角。

要想提升自己，我们要做的就是切断周围所有的干扰源，把所有可能会打断我们的因素全部切断。比如，我在写文章的时候，就会断开网络，把手机调到静音，找一个安静的环境开始写作，直到写完。这种保持专注的状态很重要。本来磨磨蹭蹭要 2 个小时做完的事情，我可能不到 1 个小时就搞定了。节省的时间我可以用来彻底放松。这样一来，我既完成了任务，又得到了休息。

不做完美主义者

追求完美就是追求完蛋。很多人都想做一个完美的人，都希望等自己一切都准备好了，能力都具备了，再去追寻梦想。虽然准备周全会大大提高我们成功的概率，但在梦想面前，追求完美就意味着拖延，而机会不会等你。**现在的商业规则不是大鱼吃小鱼，而是快鱼吃慢鱼！**

随着互联网技术的不断发展，信息更新的速度越来越快。等你完全准备好时，很多机会已经不在原地等你了，你只能重新准备。在互联网时代，一两年的时间，会让一家公司崛起，也可能让一家公司倒闭。无数的机会，都在考验人们创新的速度和行动的速度。现在，苹果公司每年都会推出新产品，这样才能保证它的竞争优势。如果超过一年才推出新产品，恐怕苹果很快就会被淘汰了。

很多东西都是在探索中完善的。不要等一切都准备好了再去实现你的**梦想。实现梦想的过程就是完善的过程。**抛开你的完美主义，做一个马上行动的人，有了想法做了再说。至于失败或成功，让时间来证明吧。

找到一个让你激情燃烧一生的使命

很多人有梦想，但是却不行动，很大原因是这个梦想不是他的使命，不能让他激情燃烧。据国外一个机构调查表明，仅 6% 的中国人喜欢目前的工作，愿意为之投入。在接受调查的 94 个国家中，中国处于倒数之列。把工作当职业，是尽职；把工作当事业，是激情。尽职让人养家糊口，事业让人实现价值。有成就的人一定会选择后者。

太多的人，在做着自己不喜欢的工作。可想而知，你的梦想为什么会被拖延而不能实现了。因为你根本就不想采取行动去实现。可是，为什么你不去找一个能够燃烧你的激情的工作呢？

如果一份工作，能够激发你内心的激情，我相信你会把它当成你一生的事业来做。因为你从这份工作中体会到了价值，体会到了快乐。这样的工作，你会拖延吗？我相信你不会。我相信你会不断想办法完成它，想办法提升自己的绩效，让自己更加优秀。

所以，要赶紧找到能让你燃烧一生激情的使命！它会激发你的执行力！

制订详细的行动计划和期限

再伟大的目标，也要一步步来完成。饭，要一口口吃；路，要一步步走。找到使命之后，我们要学会将它分解成一个个小目标。因为太大的目标太远太模糊，会让人不知从何下手而拖延。所以，要实现使命或梦想，就要学会将大目标分解成小目标，将小目标分配到自己的可用时间里，然后制订详细的行动计划和期限。当所有的小目标完成了，那么一个看似不可能完成的大目标也就搞定了。

分解大目标的精髓就是简化，简化为一项项能在短时间内轻易完成的目标。当为每个小目标设定期限时，执行力就会大大增强。

在写这本书时，我就是用了这种方法（见表3.1）。我给自己定了一个非常大的目标，那就是要写20万字。可能很多人看到20万字时，头都大了。因为我们高考时，花了1个多小时，绞尽脑汁才写了800字。更何况，写作是需要灵感的，不是每天都能有那么多的话题写，所以就更加难上加难。但是，我把这20万字分配到每天，事情就变得容易多了。如果每天至少写1000字，那么200天就可以完成；如果每天写2000字，那就只需要100天就能完成了。所以，我瞬间觉得这个目标其实不是那么难以达到，我的动力和干劲一下子就来了。而且，我给自己定了期限，规定自己必须每天都要完成。所以，写书这个梦想我就不会拖延了。

表 3.1 我的写书职业生涯规划表

职业生涯规划卡					职业生涯规划甘特图																													
板块	策略	指标	目标	行动	10月 第一周			10月 第二周						10月 第三周							10月 第四周							10月 第五周					
					1	2	3	4	5	6	7	8	9	10	11	12	13	14	15	16	17	18	19	20	21	22	23	24	25	26	27	28	29	30	31
写书	积累各种知识	分享学到的知识	1.每天跟5个朋友分享学到的知识 2.每天将学到的知识分享到微信群	1.通过qq等渠道向朋友分享 2.通过请朋友吃饭向朋友分享 3.在微信群分享																															
	参加职业规划培训	将职业规划知识整理成笔记	每周六早上把知识形成笔记	1.每周一至五晚上看1小时职业规划书籍，并做笔记 2.每周六早上将之前比较散的笔记整理成册																															
	写文章	每天至少写一篇文章	每天至少完成1000字	每天确定一个主题，然后晚上利用2个小时的时间构想，并完成文章																															

这是我制作的"写书职业生涯规划表"。当然，这个表还可以用于技能提升、人际交往、学习等的规划。这个规划表，让我更加充分利用时间，帮我改掉了拖延的习惯。

如果你有"梦想拖延症"，用这个方法会非常有效。你也可以像我一样，把改掉拖延症作为你职业生涯规划中的一项任务，列出你的目标和行动计划，并列出完成期限，然后坚持 21 天，因为 21 天就能形成一个习惯。当形成不拖延习惯后，你的人生将迎来美好的开始。

提升你的能力

有一些人之所以拖延，可能是因为能力不足。因为能力不足，但是又不想让别人知道，所以就会拖延不做。如果一个人口才不好，你叫他上台演讲，他肯定会拖延，因为不想上台丢脸；如果一个人厨艺不行，你叫他炒菜，他肯定会推脱，因为一旦炒了就露馅了；如果一个人文采不行，你叫他写文章，他也一定会推脱，因为他可能写不出来。

所以，如果你属于这种情况，那就好好思考一下，自己在哪些方面有所欠缺。分析一下自己的长处和短处，花一点时间充实自己，参加培训班或学习班，让自己能力得到提升。

寻找伙伴

与朋友相伴令整个过程更有趣。你的伙伴最好也有个人目标。你们要为对方的目标和计划负责任。你俩的目标最好一致，这样你们就可以互相学习了。比如，我就有这样一个朋友。我们经常会询问对方进度如何，达成了哪些目标等。毋庸置疑，这样会鞭策我们不懈努力。

立即去做

拖延是最大的浪费。如果你曾因拖延错失了机会，因拖延而与梦想失之交臂，那就赶紧行动起来，因为只有立即行动才会改变！

如果你害怕当众讲话，当需要说话时，你不断推脱，那就立即行动去练习当众讲话。这样，你自信演讲的梦想才能实现。否则，你永远只能躲在角落里看着别人在台上演讲。

如果你恐惧工作压力，当有工作压力时，你选择了逃避，那就立即行动去面对这些压力。这样，你才能化压力为动力。否则，你会被压力压垮，成不了才。

如果你害怕客户的拒绝，当需要你打一个电话给客户时，你始终不敢拿起电话，那就立即行动拿起电话，拨出客户的号码。这样，你才有机会成交。否则，你只能永远看着别人成交。

如果你想写一篇文章，当准备好了纸和笔，脑海里却始终想着看看手机，玩玩电脑，那就立即行动拿起笔，一句句地写下去。这样，你才能在短时间内完成一篇文章。否则，你永远只能看到你纸上的几个字。

如果你想做一件以前没做过的事，你所有的计划都很完美，只是你总想再等等，那就立即行动去完成它，因为迟早要做。否则，计划永远都只是计划。

如果你迷惘了，职业发展停滞不前了，请立即行动去做职业规划，去改变，不要贪图眼前的"舒服"。否则，短期的"舒服"，必会造成你长期的痛苦！

永远不要期望相同的行为会产生不同的结果。你习惯了懒惰，就不要期望不付出任何行动就能改变。因为你依然会懒惰，你依然会与梦想失之交臂。

想想你内心最渴望做的对你的发展有帮助的事情，你去做了吗？你还要继续这样下去吗？

你不强大，讨好别人有什么用？

有个客户小熊在邮箱里给我留言，希望我能够帮助他。

小熊是一个工作了 2 年的小伙子，在一家国企上班。他是一个很注重人际关系的人，非常注意和同事搞好关系，尽一切努力想把所有同事都变成自己的朋友。每天，他第一个到办公室，打扫卫生。他对同事非常热情，经常主动与其攀谈，嘘寒问暖，还给同一个办公室的人端茶倒水。每周五，他还会给他们买早餐。遇到需要跑腿和很累的活，他也会"毛遂自荐""主动请缨"。时间一长，同事们都觉得他好使唤，不管遇到什么事，都交给他去做。对于同事们的请求，他一般不会拒绝。就算自己有事，他也会尽量腾出时间来帮助大家完成。他害怕不帮助别人，会让别人不开心，担心以后对自己不利。

　　每一天，小熊都和同事们维持着和谐的人际关系。上班的时候，大家总是有说有笑。小熊认为自己的人缘很好，关键时候，大家一定会帮助自己。

　　年终到了，公司进行优秀员工的评选，评选方式是不记名投票。小熊认为自己一定会被选上，因为他跟部门同事的关系那么好。

　　可是，最终的结果是，部门绩效更高、能力更强的小张被评上了。

　　小熊郁闷了。他想：我对你们那么好，把你们的事都放在心上，看得比什么都重要，为什么不投我的票？郁闷之余，小熊真有些糊涂了，都说"以人心换人心"，自己对别人好，别人就会对自己好，可事实怎么不是这么一回事呀？

　　当看到这封信的时候，我第一感觉是，小熊是个抑郁型人格的人。这个性格的人的特征，就是不敢做自己，不敢发展自我，不敢满足自我的要求，忽略自我的价值，处处以别人为中心。

　　其实，无论是在职场中还是在生活中，一味讨好别人是没有用的。人们评选一个优秀的员工，不是看你有多讨好别人，而是看你能为企业创造多少价值。你越讨好别人，反而越得不到别人的尊重。人都喜欢和强者交朋友而不是弱者，并且会鄙视弱者。当从你讨好他们的行为中获得好处的时候，他们内心未必会尊重你。

　　做最好的自己，方能享受最好的人生待遇。你不强大，讨好别人有什么用？

　　有一个年轻人去买碗。来到店里，他顺手拿起一个碗，然后依次与其他碗轻轻碰击。碗与碗相碰时，立即发出沉闷、浑浊的声响。他失望地摇摇头，然后去试下一个碗……他几乎挑遍了店里所有的碗，

　　竟然没有一个满意的，就连老板捧出的所谓"碗中精品"也被他失望地放回去了。

　　老板很纳闷，问他老是拿手中的这个碗去碰别的碗是什么意思？

　　他得意地告诉老板，这是一位长者告诉他的挑碗的诀窍：当一个碗与另一个碗轻轻碰撞时，发出清脆、悦耳声响的，一定是个好碗。

　　老板恍然大悟，拿起一个碗递给他，笑着说："小伙子，你拿这个碗去试试，保证你能挑中自己心仪的碗。"

　　他半信半疑地依言行事。奇怪！他手里拿着的每一个碗都在轻轻地碰撞下发出清脆的声响。他不明白这是怎么回事，惊问其详。

　　老板笑着说：道理很简单，你刚才拿来试碗的那只碗本身就是一个次品。你用它试碗，被试的碗的声音必然浑浊。你要想得到一个好碗，首先要保证自己拿的那个也是个好碗……

　　就像一个碗与另一个碗的碰撞一样，你需要自身强大，方能享受对方的仰视。否则，别人只会俯视你。

　　荣格临终前说："你永远不要企图改变别人！你能够做的就是像太阳一样，只管发出你的光和热。"每个人接收阳光后的反应是不同的，有的人觉得温暖，有的人觉得刺眼，甚至有的人选择逃避。种子破土发芽前没有任何迹象，是因为没有到那个时间点。所以，只有自己才是自己的拯救者。

　　可太多人活在了别人的眼里，试图让别人好过点，从而让自己好过点。这就是不敢做真正的自己。小时候，对于父母的意见，我们不敢有半点异议，所有的生活，都按照父母的意见进行；读书后，我们不敢展示自己的个性，不敢做与别人不一样的事，永远随大流；工作后，我们不敢提出自己的意见，对同事趋同附和，对领导点头哈腰，永远将自己藏在最后面。我们活得很累，因为我们都戴着面具生活。其实真正的痛苦，不在于我们不敢做自己，而在于，这不是我们想要的生活，却不敢去改变。

在最能吃苦的年纪，遇见拼命努力的自己

　　曾经为了讨好别人不敢提出自己的要求，怕失去一切；怕得罪别人不敢做真正的自己，迷惘于现实之中。现实与理想的差距，让我们力不从心，活得越来越累。什么时候我们变得越来越陌生？当活得越来越不是自己的时候，我们做事的动力就越来越弱了。我们刻意去追求别人的认同，以至于忘了自己的需求。究其根源，在于自卑。根据心理学中的心理防御机制理论，自卑的人会过分在意自己在别人心中的形象与评价，无原则、无尺度地讨好别人，以此来换取他人的好感和肯定，从而补偿内心自我评价的不足。有研究显示，**在这个世界上，有1/3的人不管你做过什么，说过什么，他们都会一如既往地喜欢你；有1/3的人，不管你怎么讨好他们，他们都不会喜欢你；还有1/3的人，会根据你做的事和说的话，来决定是否喜欢你。**所以，你何必为了讨好别人而存在呢？

　　一个学者在给大一新生作报告。他拿出一张百元钞票问："谁要？"一只只手举了起来。他将钞票揉成一团，然后问："谁还要？"仍有人在举手。他把钞票扔到地上，又踏上一只脚碾它，而后拾起钞票，钞票已经变得又脏又皱。"现在谁还要？"还是有人举起手来。"你们已经上了一堂很有意义的课。无论我如何对待这张钞票，你们还是想要它。为什么？因为它没有贬值，它依旧值一百元。"

　　人生路上，我们会无数次受到逆境的欺凌，让我们觉得自己似乎一文不值。但无论曾发生什么，或将要发生什么，在上天的眼中，我们永远都不会丧失价值！

　　把自己的想法隐藏起来，一味隐藏自己的个性，问问自己，你真的快乐吗？真的幸福吗？为什么当通过讨好获得别人的好感时，你却笑不出来？难道是因为厌倦了现在的生活吗？你不喜欢这样吗？为了自己，为了那些你爱的和爱你的人。也许，你真的不该再这样逃避了。你该有自己的幸福，你该有自己的人生，你该有自己的目标，勇敢为自己，真正为自己活一次。

　　请容许自己任性一次，走自己选择的路；请容许自己为爱痴狂一次，喜欢就开口，遇爱就追求，寻找一份真正投入的感情；请容许自己疯狂放纵一次，不要若干年后回顾过去，才发现青春是一片空白；请容许自己大哭一次，人总会累，累了就睡，烦了就找人倾诉；请容许自己卸下担子一会儿，人总有感觉累的时候；请为自己活一次，勇敢寻找自己想要的生活。

修炼你的自信，让你过上想要的生活

　　我曾收到这样一封邮件：

　　　　我叫小赵，今年25岁，刚刚参加工作一年。我有一个心理阴影总是走不出去，那就是我很自卑。说不清从什么时候开始有这毛病的，可能是小时候家里穷，爸爸也是个性格内向的人，所以我从小就不合群，经常独自一个人。我长得很胖，小时候经常会被嘲笑，更不敢和别人说话了。

　　　　初中时，班主任按成绩分组并安排座位，我坐在了第一组，可我的成绩在这一组总是垫底。看着同组的同学都比我强，人缘也比我好，我就有了自己不如别人的想法。那时的我，总是害怕和别人说话，在意别人的看法，在马路上见到同学也总是躲开……

　　　　到了高中，我慢慢变得活泼起来，和很多人成了好朋友。可因为成绩不好，所以还是自卑，常常抱怨自己脑子笨。我除了地理、生物以外的功课都不好，尤其数学总是不及格，语文、英语成绩也好不到哪里去。高中时，我对外表更加在乎了，总疑心同学们暗地里嘲笑我胖，因此我从不敢穿裙子，不敢上体育课。

后来，我上了大学。到了大学后，我明显感觉功课不好，和别人差很多。学校有很多社团活动，可是我不敢参加，因为总觉得别人不喜欢自己……班里有很多聚会，可每次聚会我都是躲在后面，一言不发。别人叫我上去讲几句话，每次都是还没讲几句，我的脸就红了……毕业后，我害怕找工作，只好靠家人找了一份不怎么跟人打交道的档案保管工作。可是，这不是我想要的生活。我觉得很苦恼，害怕未来，害怕压力，害怕所有事情会被自己搞得一团糟……我实在不知道这是为什么？

其实，小赵就是典型的具有自卑心理的人。自卑会严重阻碍你过你想过的生活。根据国内外很多著名心理学家的研究，自卑的人往往具有以下特征：

过分敏感。自卑的人一般自尊心极强。他们非常希望得到别人的重视，总怕被人忽略，过分看重别人对自己的评价，任何负面的评价都会导致其内心激烈的冲突，甚至扭曲别人的评价。比如，别人真诚地夸他，他们会认为是挖苦。他们非常敏感，跟他们交往时，必须谨小慎微。别人不经意的一个举动，都会在他们内心引起波澜，甚至胡乱猜疑。

极度失衡。由于种种原因造成的弱势地位，使他们在社会的方方面面都体验不到自身价值。自我价值感是一个人安身立命的根本，丧失自我价值体验，使他们心态失衡，陷入消极的心理体验之中。而走不出这个心理的阴影，就很难摆脱现实的困境。别人欺负他，即使内心不服气，也自认为是正常的，非常认同自己的弱势身份。

容易情绪化。他们表面上好像逆来顺受，然而过分压抑恰恰积聚了随时爆发的能量。由于缺少应对能力，失业、离异、患病等生活事件很容易导致其心理压力。当受到不公正的待遇时，他们会认为别人瞧不起自己，往往产生过激言行。他们经常为了一点小事而大动干戈，拳脚相向。甚至有些人受到别人的欺负后，会因此自杀。

自信是一个人职业取得成功的基础。一个不自信的人，在面对机会的时候，永远都会畏畏缩缩，不敢接受挑战。所以，当机会来临时，总是不能抓住。在工作中，不敢当众发表讲话，不敢对别人有过多的要求，不敢展现自己，虽心中有着不甘平庸的梦想，却始终不敢去实现，因为对自己信心不足。

有人问美国的亿万富翁："洛克菲勒先生，假使您的财富一夜之间化为乌有，您会怎么办？"洛克菲勒自信地笑着说："给我 10 年的时间，照样再造一个洛克菲勒帝国！"这就是成功者最重要的秘诀——自信！**失去金钱的人，失去很少；失去健康的人，失去很多；失去自信的人，将失去一切。**生活中需要自信，当你挣扎在困境中的时候，你是否相信自己，有放手一搏的勇气？当你漫无目标，觉得前途一片漆黑的时候，你是否有坚定的信念，披荆斩棘？

如果你想让自己的梦想不拖延，那就要让自己变得更加自信，敢于接受一切挑战！

自信对于一个人的职业发展来说，是如此的重要。

一位心理学家从一班大学生中挑出一个最愚笨、最不招人喜爱的姑娘，并要求她的同学们改变以往对她的看法。在一个风和日丽的日子里，大家都争先恐后地照顾这位姑娘，向她献殷勤，陪她回家，大家以假作真地打心里认定她是位漂亮聪慧的姑娘。结果怎么样呢？不到一年，这位姑娘出落得楚楚动人，连举止也同之前判若两人。她对人们说：她获得了新生。

确实，她并没有变成另一个人。然而，在她的身上却展现出每一个人身上都蕴藏的潜质。这种潜质只有在我们相信自己，周围的人也都相信我们、爱护我们时才会展现出来。

所以自信会改变一个人，让你创造奇迹。

俞敏洪曾在一次演讲中，谈了他和马云的区别。

俞敏洪说：我发现我俩的区别就是不自信和盲目自信的区别。马云如此盲目自信，以至于他盲目相信的东西变成了现实。我考的是北大本科，他考的是杭州师范的专科（最后上的是本科。——编者注）。从这里，大家不光看到了我们长相的差别，还看到了我们智商的差别。

但是现在马云的企业为什么比新东方要大几十倍呢？原因特别简单，马云是一个特别自信的人，他能飞快地从挫折和自卑中走出来。所以，马云自己说，他进了杭州师范学院很自卑，但是只自卑了一瞬间就给自己定了3个目标：第一个目标，必须把专科变成本科；第二个目标，必须变成校学生会主席，最终他变成了整个浙江省学生会主席；第三个目标，必须跟杭州师范学院的校花谈一场恋爱。

这3个目标对于我来说比登天还难。如果我进了杭州师范学院，就会在毕业后乖乖到农村当老师。但是马云毕业的时候，三个目标全部超预期实现，不光谈恋爱，而且还把人家娶回了家。由此可见，勇气和自信以及给自己设立一个有挑战性的、可以通过自己努力达成的目标，比你自卑地唯唯诺诺地思考自己"不行"要好得多。

在北大我除了读书以外，一无是处，有两件事情从来没干成：第一，没参加任何学生活动，没当过学生会干部；第二，没有谈恋爱。这是由于我内心的恐惧造成的。作为有深刻自卑感的农村孩子，我是这么想的：

我要去竞选学生干部也是失败，失败以后被人知道了我还丢面子，那老子还不如不竞选，你也不知道我丢面子。

谈恋爱我一定会被女孩子拒绝，被拒绝后会更加没面子，老子还不如不谈，谁也不知道我到底谈不谈，其实我心里真的很想谈。

在大学生活中，这两件事情非常重要，可是由于不够自信，我始终不敢去做，最终只能遗憾收场。

修炼你的自信，让你在职场从此不一样

自信是可以修炼的，关于这一点，有很多包括我和学员在内的活生生的例子。我们有很多简单易行的方法，可以帮助大家克服自卑，立刻拥有自信。在这里，我跟大家分享几个常用的方法。

接纳不完美的自己。每个人生来都是不完美的。没有十全十美的人，只有不完美的自己。很多时候，只要换一个思维，就能活出不一样的自己。

有一位腿有残疾的私营企业主，经过十几年的奋斗拼搏，终于成了闻名遐迩的雕刻家和经营雕刻精品的大老板。有人对他说："你如果不是有残疾，恐怕会更有成就。"他却淡然一笑说："你说得也许有道理，但我并不感到遗憾。因为如果没得小儿麻痹症，我肯定早下地当了农民，哪有时间坚持学习，掌握一技之长？我应该感谢上帝给了我一个残缺的身体。"

对于一个人来说，有些东西是可以改变的，有些东西却是不可以改变的，例如外貌。对于外貌的美与丑，我们唯一能做的就是接纳它，喜欢它。比如，宋小宝一样可以用他的不出众的外貌打造出彩的自己。

不能接纳自己的不完美，还源自和别人不正确的比较而产生的自卑感。如果一味拿自己与超过自己一大截的人比，拿自己的缺点与别人的优点比，拿自己的各个方面分别与不同人的优点比，那么，比较的结果必然是事事不如人，谁都比自己好。

积极自我暗示，相信自己能行。别人能行，相信自己也能行；别人能

做到的事，相信自己也能做到。可以每天对着镜子说："我行，我能行，我一定能行。""我是最好的，我是最棒的。"每天早晨起床后、临睡前各默念几次。每次与人交往前，特别是遇到困难时要反复默念。这样，就会通过积极的自我暗示机制，鼓舞自己的斗志，增加内心力量，使自己逐渐树立起自信心。

做自己喜欢而且擅长的事。进行职业规划，也是增强自信的一种方法。很多人不自信，就是因为在工作中做不出成绩，达不到自己的预期，导致在工作上经常受批评。一个人没有取得事业上的成功，久而久之，自信心就会受到打击。就像一个人找工作，如果长期找不到好的工作，就会开始怀疑自己的能力，慢慢地就会变得消沉。自信是成功的基础，但一个人在职业上取得成功了，同样可以增强其自信心。所以，在迷惘的时候，一定要做一次职业规划，认清自己的能力所在，扬长避短。我相信，假以时日，当你越来越强大时，就会变得越来越自信了。

练习当众讲话。练习当众讲话，是提升自信最有效的方法。拿破仑·希尔指出，有很多思维敏锐、天资高的人，却无法发挥他们的长处参与讨论。并不是他们不想参与，而是因为他们缺少信心。

在我的当众讲话实战训练班中的学员，很多人刚开始都是不自信的，经过锻炼之后，改变非常大。一个人如果对自己不自信，就不敢在公众面前讲话，因为他认为自己的意见可能没有价值，如果说出来，别人可能会觉得他很愚蠢，所以最好什么也不说。他还会想，其他人可能都比他懂得多，他不想让大家知道他是这么无知。

前面我们讲过，如果你采取同样的行动，那么你永远只能得到同样的结果。如果你永远都不敢上台讲话，那你永远都会害怕这个舞台。而且每次你沉默寡言时，你心中又多了一些自卑的毒素，你会越来越没有自信。从积极心理学的角度来看，如果当众能够尽量发言，就会增加一个人的信心。所以，要多发言，这是信心的"维生素"。

　　所以，不论参加什么会议，都要勇敢地坐在第一排，勇于发言，没有机会也要争取机会发言。敢于做领头人，敢于在会上第一个发言。不要担心你会被别人嘲笑，不要担心你的观点不被别人认可，因为总会有人同意你的见解。不要担心自己讲得不好，你只需把话说出来就行。也许刚开始只能说一两句话，但日积月累，你就能够说 10 句，100 句。当你讲得多了，自信也就自然而然来了。

　　当拥有了自信，你就如同拥有了一双翅膀。这会让你的职业发展走上快车道，一路无阻。就算一路上障碍无数，你也能一跃而过，达到你想要到达的终点。

战胜恐惧最好的方法，是与恐惧共舞

　　在一次培训课上，一名来自东北的学员李勇，分享了他以前不为人知的生活历程。

　　一开场，他就给自己贴标签：我有"社交恐惧症"。所以他马上就吸引了我的注意。

　　初次见他，我对他的印象非常深刻。他 1.8 米的大个头，是典型的东北大汉。他留着郭富城式的中分头，黝黑的皮肤，炯炯有神的眼睛，右手臂纹着一个"忍"字，个性非常鲜明。

　　我无法将这样一个高大威猛的大汉和"恐惧"联系在一起。但他接下来讲的故事却让我相信了。

　　他告诉我们，他的恐惧，来源于小时候的被人嘲笑。

　　小时候，他牙齿长得不好，刚开始并不觉得什么，但是上学之后就不一样了，因为周围的同学会拿这个来笑话他。当越来越多的人嘲笑他时，他就在意了。所以，他开始讨厌和同学在一起，开始喜欢一个人行动，因为一个人的时候，他就是安全的。他开始不敢笑了，因为怕露出自己丑陋的牙齿；他不敢看他人，因为他们的眼光让自己害怕。

老师也不喜欢他。他性格比较内向，非常害怕被老师叫起来回答问题。但老师总是叫他站起来回答问题。有一次，当老师叫他起来的时候，他突然心跳加速，然后面红耳赤，一句话也说不出来。

老师对他说：你连话都说不好，还能做什么呢？

那时，他恨不得找个地洞钻进去。

从此以后，他对当众讲话充满了恐惧。此后的十几年，他再也没有站在大家面前讲过话。因为从那以后，他一跟别人说话就会脸红，特别是异性。在公众场合，他更不敢发表自己的看法，尽量避免成为公众的焦点。

尽管如此，他也从未想过要改变。他认为，只要不从事跟人打交道的工作，就不用当众讲话。

然而他错了！在大学里，太多地方需要当众讲话。他想，大不了不参加活动。于是，大学就这样过去了。可是毕业后，他却发现，要当众讲话的地方却逃不掉了：面试、会议、培训、招商、跟客户沟通、跟领导汇报……

这么多年的恐惧，让他失去了很多机会：

读书的时候，不敢站到大家面前讲话，想竞选班干部却始终没有达成；

身怀唱歌的特长，因为怕出丑，所以始终没办法展示自己优美的歌喉；

看到喜欢的女孩子，因为怕被拒绝，所以一直不敢向她表白，失去了和她在一起的机会。

你是否也是恐惧家族的一员呢？这些家族成员，有这样的特征：

◆ 不愿意参加各种聚会和演讲，担心会在别人面前出丑；在参加任何聚会或演讲之前，都会感到极度焦虑。

◆ 在意别人的看法，总想在生活中打扮成最完美的自己，可实际上自己并不完美；害怕自己在别人面前完美的名声受到伤害。

◆ 害怕失败，失败对于他们来说，就是致命一击，因为他们认为，失败是最不可容忍的事情，是最丢面子的事情。

◆ 害怕行动，因为周围的人认为他们做不好，不喜欢他们做的事情。于是，他们宁愿放弃，也不愿踏出一步。

很多人放弃了自己的梦想，因为告诉自己做不到，别人不理解；很多人不能实现职业目标，因为被恐惧阻碍了。恐惧让你不敢讲话，不敢做自己喜欢的事，不敢说"不"，不敢争取，不敢跟心爱的女孩子表白……人生这么多美好的事情，都让恐惧这个恶魔给吞没了，你甘心吗？

无法克服恐惧，是因为你总在和恐惧斗争

我很佩服李勇的勇气，因为他不甘心被恐惧吓倒，不甘心过着别人的生活，所以他想改变自己。李勇告诉我，他很想面对所有事情都无所畏惧，因为恐惧确实让他失去了很多东西。我想所有具有"恐惧症"的人，都期望能够克服这个毛病。

可是他很苦恼，他说，从知道恐惧会让自己一事无成的那一刻起，他就不断地在跟恐惧作斗争，可是直到现在，他依然无法克服这个毛病。

我很想帮助他，因为在我的培训咨询工作中，也遇到很多像他那样的人。

我告诉他，你有没有想过，你付出了那么多的努力，总想把恐惧从自己身上驱走，恰恰是你无法克服恐惧的原因？

他有点不理解。

其实恐惧是无法克服的，因为恐惧是人类的5大情绪之一：喜怒哀乐惧。恐惧是人类再正常不过的情绪反应了，你为什么要想着战胜它呢？

很多人会问，难道不去战胜它，就要等着它来战胜我们吗？不是！因为恐惧是人类的弱点，它会阻碍我们成长，但如果总想着要战胜它，很可能会让它越来越强大。

在很多年前，我曾经害怕公众讲话。我曾以为只有我一个人会恐惧，我以为恐惧就是异类，就是不正常，所以我想了很多办法克服恐惧，例如积极暗示法。但我发现，这些方法都是治标不治本，当再次面临当众讲话的情景时，我又恐惧了。

直到有一天，我了解到"恐惧是再正常不过的事情"时，我决定不再去关注恐惧。每次上台演讲前，我都告诉自己，恐惧就恐惧呗！这很正常！当次数多了之后，我发现，我再也不恐惧了。

原来，**战胜恐惧最好的方法，不是想尽办法和它斗争，而是和它共舞！**

很多人都有失眠的习惯，由于一睡不着，就很担心，担心每天失眠会不会死掉？明天没有精神怎么办？所以不断告诉自己"要睡着"，结果反而心跳加速，越来越焦虑，更睡不着了。但如果你能够想到，失眠也是正常不过的事情，世界上还没有哪个人是因为失眠死掉的，或许你就能够走出失眠对你的困扰。你会发现，失眠不治而愈了！

每个人都会有很多弱点，**世界上最有效的克服弱点的方法，不是抗拒，而是和它在一起。**

你不需要在意别人的看法

很多人恐惧，是因为太在乎别人的看法。做每一件事之前，都会先想想别人对这件事会怎么看？别人会喜欢吗？别人会嘲笑自己吗？别人会因此讨厌自己吗？会因此失去他们的支持吗？如果失败了怎么办？就是这些想法，让人们裹足不前。

　　每个人都是这个世界的独立个体，你的所有想法，都只是你对这个世界的看法而已。恐惧本身不会阻止你，阻止你的是你对恐惧的看法。就像你站在公众面前讲话，你可能会觉得面前的人会嘲笑你，但他们不会站起来伤害你，真正伤害你的，是你以为他们在嘲笑你，但实际上并非如此。

　　所以，我们真的不需要在乎别人的看法。因为相比肯定，人们更习惯于否定你。相信很多人都有这种经历：当你说要创业时，你最亲密的人肯定会说，现在创业风险大，还是不要创业了；当你说你有一个很好的想法时，你的领导首先会告诉你，这个方法还不成熟，回去再想想；当你说你想辞职去寻找自己喜欢的工作时，你最亲近的人肯定会说，别想那么多，先安稳地做好眼前这份工作吧。

　　人们会习惯于否定你的一切想法和行动，因为对任何人来说，改变都是有风险的。然而，他们的否定，并不能给你带来任何价值。你的人生只有你自己负责。你人生的每一步，都是你自己选择的结果，别人建议再多，最终也还是需要你自己迈出第一步。别人再喜欢你，再讨厌你，也不会在你落魄的时候，帮助你走完人生之路。所以，要学会对自己的人生负责。更重要的是，要学会独立思考。

与恐惧共舞

　　你有没有发现，你越在乎恐惧，恐惧就越会紧紧地跟随着你。因为作为一种情绪，恐惧本身是不为人所控制的，它有一套从发生到消退的程序。就跟白天和黑夜的轮回，春夏秋冬的转换一样，它是大自然的规律，你无法改变它，唯有接受它。如果你接受这个自然规律，它对你就没有任何影响；但如果你想改变它，它就会对你产生不良影响。

　　人之所以会被恐惧所牵制，就是因为没有接受恐惧，把恐惧当成了不正常。所以，无论你使用什么方法，都无法彻底地驱除恐惧。所以，战胜恐惧最好的方法，是与恐惧共舞，把恐惧当成你身体的一部分，学会接受恐惧带给你的一切。因为你越在意的东西，就越能够伤害你。

与恐惧共舞，就是要不断走到你害怕的东西面前，不断地做你害怕的事情，直到你习以为常为止。

转换你对恐惧的看法，并接受它的正常存在。面对恐惧，该做什么就做，该说什么就说，相信恐惧带给你的痛苦会慢慢消失，直到你感觉不到恐惧。但请记住，恐惧是永远不会消失的，消失的只是你对恐惧的体验而已。

耐得住寂寞，方撑得起繁华

这是个浮躁的年代，身处大都市，每个人受到的诱惑实在太多了！没有人可以在这个繁华的城市独善其身。只不过在通往人生使命的道路上，有的人熬不住寂寞的折磨，就原地踏步或者原路返回了；而有的人则耐住了寂寞与煎熬，将人生的列车驶向了终点。

前段时间朋友聚会。席间有一个女孩子，31 岁，目前是一家化妆品电子商务公司的老板，绝对称得上"白富美"，却依然单身。

作为 HR，我对年龄非常敏感。由于彼此之间比较熟悉，我就斗胆问她为什么到现在依然没有结婚。

我以为她会比较委婉地告诉我，但是她很坦然。她说她其实也很想结婚，只是没有遇到对的人。她工作后第 3 年就开始创业，其间也遇到过一些人，但总觉得不是很适合。

今年是她创业的第 5 年。创业早期非常辛苦，她既要找客户，又要发货，做售后，经常忙到凌晨 2 点。

有时累的时候，她真的希望有一个人能够帮一下自己，能够在自己累的时候，有个可以依靠的肩膀。但即使如此，当真正出现问题时，还得自己一个人扛。既然她立志要成为独立自强的女性，就要品尝成为这个角色的酸甜苦辣。

自己选择的路，跪着也要走完。你自己不坚强，没人可以帮你坚强！

其实人这辈子，总有很多时候是孤单一个人。身边的人陪伴不了你，你必须一个人走，一个人闹，一个人做选择。

曾经有段时间，你或许是一个人去饭店吃饭，一个人点菜，一个人把所有的饭菜吃完；一个人去逛街，一个人对着镜子试穿衣服，然后问自己是否喜欢；生病了，一个人去医院，然后一个人排队、挂号、拿药，看完病后一个人回家，孤零零地躺在床上。

这时，你多么希望有个人可以陪在你身边，帮你一把！然而有时候老天就是要考验你的忍受力，在还没有成功之前，你必须接受所有的洗礼。所以，只要你相信自己是一颗金子，等到某一天，当你足够强大的时候，你就会得到自己想要的结果。

人生是个耐力跑。在这个跑道上，没有人可以帮助你！你必须一个人坚持跑完。人们看到的永远不会是你背后的辛酸与苦辣，而是你成功前面的鲜花与掌声。

耐得住寂寞，方撑得起繁华。因为孤独寂寞的时段，是你最好的成长期。

读大学的时候，有一段时间，我经常是孤独的，没有女朋友，别的朋友也帮不上忙，很多时候都是自己一个人扛过来的。

那时，为了多赚点钱，我找了很多兼职。最多的时候，我同时做4份兼职。一份是帮一个网站编辑发新闻，一份是学校的宿舍管理员，一份是晚上的家教，另外一份则是在一家培训公司做培训助理。

为了不落下大学的课程，我经常是早上6点30就起来，花一个半小时登录网站发布新闻，然后洗刷完毕去上课；中午吃完饭之后，就到宿舍楼值班；晚上就去做家教。培训公司的工作时间也经常是晚上，不过刚好和家教时间是错开的。

那时候，我其实特别累。晚上回来的时候，经常已经是 11 点。当晚上回校时，走在学校的林荫大道上，周围非常安静，只听得到昆虫的鸣叫。有时，我会想，我有必要那么累吗？我还是个学生，好好读书就可以了。可是，我内心却总有一个声音告诉自己，我想要过和别人不一样的生活，我想要不断磨炼自己，我想在毕业时赚到自己的第一桶金。

就这样，这种生活一直持续到毕业。虽然很苦，但是我留给别人的，永远是笑脸，永远是一种积极的态度。

正是在这段孤独寂寞的时间，我用更多时间去做为自己增值的事情。我参加了很多培训，既锻炼了心智、毅力和耐力，又学会了成熟地为人处世。所以，孤独寂寞不要紧，关键是要学会与自己相处。学会与自己相处是一个人成功必备的本领。**也许，在你孤独寂寞的时候，正是你成长最快的时候。**

一个人如果知道自己为什么而活，就可以忍受任何一种生活。当你知道将去往何方，你就不会觉得苦是苦，因为所有的苦，其实都是你成功路上的垫脚石。

耐得住寂寞，才撑得起繁华。但凡成功之人，往往都要经历一段孤独无助的岁月，犹如黎明前的黑暗，挨过去，天就亮了。

李安毕业后 6 年都没有活干，靠老婆赚钱养着。那段时间，是他最孤独无助的时候。他曾一度想放弃电影，还报了个电脑班想学点技术打打工补贴家用。他老婆知道后直接告诉他，全世界懂电脑的那么多，不差你李安一个，你该去做只有你才能做的事。因为老婆的鼓励，他把所有的时间都用来研究怎么拍出一部让观众思考的电影。后来，李安真的拍出了全世界只有他才能拍出的电影。

谢霆锋 15 岁的时候，父母离了婚。他独自一人去日本学习音乐，陪伴他的，只有一把吉他。有时候，他上晚课回住所晚了，就抱着吉他在街上睡。后来，在采访中，他说他很多作品都是在这段时间完成的。孤独寂寞的经历，让他有更多时间去做自己喜欢的事，并将这种情感融入自己的作品中。在他 17 岁那年，其作品开始走红歌坛。那是他经历了无数的孤独寂寞积累之后的喷薄而出。

著名作家余华成名前，曾在全国各大刊物上投稿，却接到了来自全国各地的退稿信。但他没有放弃，继续写，继续投，结果还是收到接二连三的退稿信。但他没有放弃，他相信自己的作品是最好的。1987 ~ 1988 年，他突然接到十几家出版社给他的约稿信。余华说，一个真正有才华的作家，终究是不会被埋没的。

一个人的成功总有一个积累的过程。也许在付出的过程中，你没能够获得别人的认可，但没关系，只要你做的事情是对别人有用的，那么，当某一天，你的能力足够撑起你的梦想的时候，你总会被人们发现和认可。

千里马，不一定是跑得最快的，但一定是耐力最好的。在人生长征的途中，我们会遇到很多不如意的事，可以抱怨，但必须忍耐；可以寂寞，但不能沉默。你可以起点很低，但是你的心、你的眼界一定要高！

当你还处于低点时，没人会关心你有多辛苦与孤独。所以，你必须学会与自己相处，自己陪伴自己，自己鼓励自己。在还没有长成参天大树之前，你要能忍受任何风吹雨打，而经历的风雨越大，你的根就扎得越深，扎得越远。当某一天，体内的营养足以撑起一棵大树的时候，你一定会喷薄而出，直上云霄！

寂寞是成功与失败之间的一叶屏障，很多人都会被它迷惑，很多人在它面前放弃。因为可能不被理解，可能有苦说不出。所以，只有学会品尝寂寞，与孤独共舞，才能翻越这个屏障，走向我们想要的生活。

人生有两条路：一条叫寂寞之路，一条叫繁华之路。寂寞之路与繁华之路之间，隔着一堵墙叫"心"。**心若向上，即使经历寂寞，人生与天地不老；**

心若沉寂，就算经历繁华，人生已步入荒芜。人生其实就是从寂寞之路走向繁华之路的历程。心有多苦，你的路知道，不必常常挂在嘴边。

耐得住寂寞，方撑得起繁华；拥抱寂寞，方能路永不尽。

失败不可耻，没经历才可怕

很多人有很多想法，可是永远不敢迈出第一步，所以想法永远是想法；很多人害怕失败，所以不敢采取行动，因此也就拒绝了成功；很多人不喜欢冒险，所以虚度了光阴，变得碌碌无为了。

你的青春不是用来想的，不是用来虚度的，是用来行动，用来奋斗的！别害怕，奋斗的青春永不失败！因为真正失败的青春，是回忆起来，一片空白的青春！

在创立阿里巴巴之前，马云创办了中国第一个黄页。1995 年，"杭州英语最棒"的 31 岁的马云，受浙江省交通厅委托到美国催讨一笔债务。结果，他钱没要到一分，却发现了一个"宝库"：在西雅图，对计算机一窍不通的马云，第一次接触了互联网。刚刚学会上网，他竟然就想到为他的翻译社做网上广告。他上午 10 点在网上发布广告，中午 12 点前他就收到了 6 个 Email，分别来自美国、德国和日本。这些 Email 都说，这是他们看到的有关中国的第一个网页。

马云当时就意识到互联网是一座金矿。他开始设想回国建立一个公司，专门做互联网。马云萌生了这样一个想法：把国内的企业资料收集起来放到网上向全世界发布。他立即决定和西雅图的朋友合作，并为他的新业务起名为"中国黄页"。就这样，一个全球首创的 B2B（企业对企业之间的营销关系）电子商务模式诞生了。

回国当晚，马云约了 24 个做外贸的朋友，同时也是他在夜校名义上的学生，向他们介绍他的想法。结果 23 人反对，只有一个人说可以试试，如果发现不行就马上回来。马云想了一个晚上，第二天早上还是决定干，哪怕 24 人都反对，他也要干。

"其实最大的决心并不是我对互联网有很大的信心，而是我觉得做一件事，经历就是成功。你去闯一闯，不行你还可以调头。但是如果你不做，就和你晚上想想千条路，早上起来走原路，一样的道理。"

提起当初，马云赞赏的是自己想做就做的勇气而不是眼光。

众所周知，马云此次创业失败了。但是这次创业经历，为他创立阿里巴巴打下了坚实的基础。

在很多人看来，成功的标准就是能把一件事做成，达到预定的目标。然而，所有的成功都不是一蹴而就的。成功与失败就像一对孪生兄弟，总是形影不离的。

就算是被世人敬仰的苹果公司 CEO 乔布斯，也曾遇到被公司踢出董事会的"失败"。

20 岁的时候，乔布斯就在父母的车库里面创立了苹果公司。公司成长得非常快，不到 10 年就发展成了超过 4000 名雇员、价值超过 20 亿元的大公司。在公司成立的第 9 年，苹果公司发布了最新产品，那就是 Macintosh（麦金塔电脑）。这时的乔布斯也快满 30 岁了。可是就在那一年，他却被炒了鱿鱼。

老板怎么可能被自己创立的公司炒了鱿鱼呢？

在快速成长期，苹果雇用了一个很有天分的家伙和乔布斯一起管理这个公司。在最初几年，公司运转得很好。但是后来，他们对未来的看法发生了分歧，最终吵了起来。当争吵不可开交的时候，董事会站在了那个人那边。

就这样，在众目睽睽之下，乔布斯被解雇了。在而立之年，支撑他生命的东西就这样离他而去。这于他而言，真是毁灭性的打击，就像一个相爱了 10 年的恋人，某一天突然离你而去。

然而，乔布斯很快重新振作起来。在接下来的 5 年里，他创立了一个名叫 NeXT 的公司和一个叫 Pixar（皮克斯动画工厂）的公司，然后和一个后来成为他妻子的优雅女人相识。

Pixar 制作了世界上第一个电脑动画电影《玩具总动员》。直至今日，Pixar 也还是世界上最成功的电脑制作工作室。

在后来的一系列运转中，苹果收购了 NeXT。乔布斯又回到了苹果公司。

在回忆被苹果公司炒鱿鱼这段经历时，乔布斯认为这是他这辈子遇到的最棒的事情。因为，作为一个成功者的负重感被作为一个创业者的轻松感所代替，没有比这更确定的事情了。这让他觉得如此自由，而这些自由，让他进入了生命中最具创造力的一个阶段。

在回到苹果公司以后，乔布斯推出了一系列令世人惊叹的产品：Iphone 4、Iphone 4S、Iphone 5、Iphone 5S、Iphone6、Iphone 6S……

"如果我不被苹果开除的话，这其中任何一件事情也不会发生。"乔布斯说道。

有时候，失败是成就你的最华丽的点缀。人不怕失败，怕的是没有经历过失败。只有什么事情都经历过了才知道下一步该怎么做，否则一切都只停留在思想的阶段。只有行动才有结果！

不管成功还是失败，经历过了，你才知道什么职业适合你，什么事情是你生命中最重要的，什么事物是生命中最美好的，什么人是最适合你的，什么事情是最快乐的，什么泪水是最咸的……

从今天开始，把"经历就是成功"这个理念写进你的生命里，会让你获得无穷的力量。

毕业后，我一直从事人力资源管理方面的工作。当我在公司平步青云的时候，却终止了自己的打工生涯，创立自己梦想中的公司。不是为了赚更多钱，而是因为我认为创业更能够实现我的价值。亲朋好友听了我的想法之后，都极力阻止，说现在创业很难。但在我的眼里，无论成功与否，是否赚到钱，都没有关系，重要的是我付出了这种行动，我勇敢地做了自己。我相信，以后当回忆起这段经历，我可以非常自豪地向我的子孙诉说。

很多朋友跟我说，他遇到一个很喜欢的女孩子，可是却不敢开口。每次听到这种说法，我都会跟他们说，啥都别想，追！

就算失败了又怎样？没有人能够保证100%成功！就算是王思聪去追一个女孩子，也难免会有人拒绝他。因为各花入各眼，有人喜欢高的，有人喜欢矮的；有人喜欢瘦的，有人喜欢胖的；有人喜欢口若悬河的，有人喜欢沉默寡言的；有人喜欢有钱的，有人喜欢经济状况一般的……

"你可以不爱我，但是你不能剥夺我爱的权利！"勇敢地开口了，你或许能够收获一段美好的爱情，但如果不开口，你肯定永远与她无缘。人生最痛苦的事，不是你有没有拥有她，而是面对喜欢的她，却无法让她知道你喜欢她……

人们嘲笑的永远不是失败者，而是懦弱者！微软公司的创始人比尔·盖茨以敢冒风险驰名。他特别喜欢录用遭遇过失败经历的员工。哈佛大学的一位教授也说，现在主管们讨论候选人时会说："太让我们担心的是这个人还未经历过失败。"

在我的眼里，人的一生，总是需要经历很多，当你经历越多的时候，你的生命会越厚重。没有经历的生命，所有回忆都是令人唏嘘的悲剧！

爱情如此，职场如此，人生如此。**不管能不能成功，做了再说。成功了，你就拥有了；失败了，你就成长了！**

DO YOUR BEST，YOUNG PEOPLE

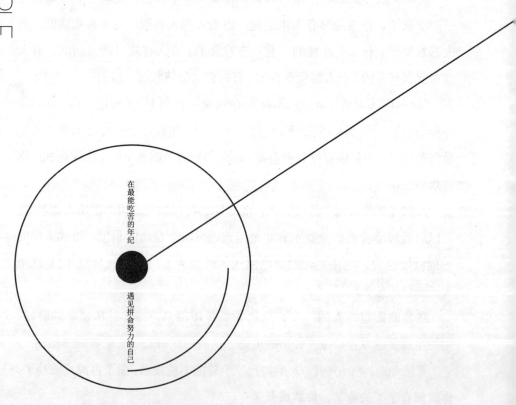

在最能吃苦的年纪

遇见拼命努力的自己

○

Part 4

你的『梦想浪费指数』爆表没？

　　一个人不成功，往往不是没有梦想，而是有了梦想，却整天做着与梦想无关的事。所以很多人的梦想，都成了自己安慰自己的借口。他往往会告诉别人，他是个有梦想的人。可是，他的梦想永远没有实现，因为他根本就没做过让梦想实现的事。

梦想"失窃"，别人只是小偷，你才是江洋大盗

蒙提·罗伯茨在圣司多罗有个牧马场。他的朋友常常借用他宽敞的住宅举办募捐活动，为青少年计划筹集基金。在一次活动的致辞里，他提到以下这个故事：

> 有一个小男孩的父亲是一位驯马师。他从小就跟父亲东奔西走，一个马厩接一个马厩、一个农场接一个农场去训练马匹。由于经常四处奔波，男孩上学的过程并不顺利。初中时，有一次老师叫全班同学写作文，题目是"我的理想"。我想，这样的作文题目，每位同学在小学和初中都写过若干遍。
>
> 那晚，小男孩洋洋洒洒写了7张纸，描述他的宏伟志向：拥有一个属于自己的牧场。他还仔细画了一张200亩牧场的设计图，上面标有马厩、跑道的位置。在这一大片农场中央，他还要建造一栋占地400平方米的豪宅。
>
> 小男孩费了很大心血把作文写成了，第二天交给了老师。两天后，他拿回了作文，只见第一页上打了一个又红又大的F（不及格），旁边还写了一行字："下课后来见我。"
>
> 下课后，脑中充满幻想的小男孩带着作文去找老师："为什么给我

不及格？"

　　老师回答道："你年纪轻轻，不要老做白日梦。你没有钱，没有家庭背景，什么都没有。盖一座农场可是花大钱的大工程，你要花钱买地，花钱买纯种马，花钱照料它们。你别太好高骛远了。"他接着又说，"如果你肯重写一个不怎么离谱的志愿，我会重新给你打分。"

　　小男孩回家反复思考了很久，然后征询父亲的意见。父亲只是告诉他："儿子，这是非常重要的决定，你必须自己拿主意。"

　　经过再三考虑后，这个男孩决定原样交回，一个字都不改。他告诉老师："即使拿个大红字，我也不愿放弃梦想。"

　　"我讲这个故事，是因为各位现在就在这200亩农场及占地400平方米的豪华住宅里。那份初中时写的作文，我至今还保留着。"罗伯茨看着大家说："有意思的是，两年前的夏天，那位老师带了30个学生到我的农场露营一星期。离开之前，他对我说'蒙提，说来有些惭愧。你读初中时，我曾泼过你冷水。这些年来，我也对不少学生说过相同的话。幸亏你有这样的毅力坚持自己的梦想'。"

　　在成长的过程中，其实很多人都有自己的梦想。可是随着慢慢长大，很多人却丢失了梦想。不是你不想拥有自己的梦想，而是在成长的过程中，有太多"梦想"的小偷，当你一不留神，当你还不够强大的时候，将你的梦想偷走了。

　　在你小的时候，你身边最亲爱的人会偷走你的梦想。这些人主要是你的父母和老师。

　　中国的家庭教育类型有很多种，如模具制造型、温室培养型、极力压榨型、经济刺激型、原始放牧型、自家萝卜型、崇尚暴力型。

　　模具制造和温室培养型的父母极容易偷走你的梦想。这类型的父母的共同特征是：自以为是，总以为自己的想法不会错，总以为自己是爱孩子，是为孩子好。他们对孩子的要求极严，孩子的举手投足，都给予详尽的指示，从生活习惯、活动的范围和方式，到读书的范围和方法、兴趣和爱好，甚至到高考专业的选择、毕业工作的种类，都进行强制性指导。对孩子呵护备至，怕他在外面受欺负，不敢让他自己去实践，捧在手中怕掉了，含在嘴里怕化了。

他们喜欢给你强加他们的梦想，尽管这些梦想不是你内心真正的想法。

曾经有一个学员向我诉说了他的痛苦。

他是独生子，从小父母就对他呵护备至，所有的一切都给他安排好了。从幼儿园的选择、兴趣班的报读、初中和高中学校的选择，到高考志愿的填报，都是父母一手操办的。

可是，在这个过程中，有很多都不是他自己的兴趣。例如他的父母叫他学钢琴，可是他喜欢的是吉他；在高考选专业的时候，他其实对计算机很感兴趣，可是他们认为与计算机有关的工作会很辛苦，希望他学师范专业，毕业后就做一个老师，够稳定。

他非常爱他的父母，于是在他们的设计之下，学了师范专业。毕业后，他又在他们的帮助下成了一名人类灵魂的工程师。可是他一点都不开心。因为这一切都不是他想要的。

他想成为一名像马化腾一样能用计算机改变人们生活方式的人。可是，当他向他父母提出时，他们总是以"这样的生活太累，稳定点就好了"为由一次次告诉他，别折腾了。

他的梦想就这样一直压抑在心中。现在，他已经是一个10岁小孩的父亲，可是这样日复一日，年复一年单调的教书生活，让他越来越感到厌倦。

他找到我，说他想改变，想搏一把，可是他已经快38岁了，而且不知道怎么说服自己的父母。当他突然醒悟，却发现自己的梦想早已

被父母偷走了。

可是，在这个世界，还有很多人重复着他的故事。只不过，有些人很幸运，找回了自己的梦想，有些人则永远丢失了梦想。

在成长的过程中，我们的父母、老师、朋友都有可能成为我们梦想的小偷。可是，你会发现，有些人的梦想，不是被这些人偷走了，而是被自己偷走了！如果说外人是梦想的小偷，而你自己则有可能是梦想的江洋大盗！因为内因决定外因，外因只能通过内因起作用。我在前面说过，你，才是一切的根源。

偷自己梦想的，是我们对未来的悲观心态：自卑、恐惧、消极、懒惰、拖延……这些都是更为可怕的"梦想江洋大盗"（见图 4.1）。它们一旦存在，就有可能一辈子跟着你，而你所有的梦想，都会被它们偷走。就像一个富豪，敞着大门，屋内再多的钱财也会被偷光。

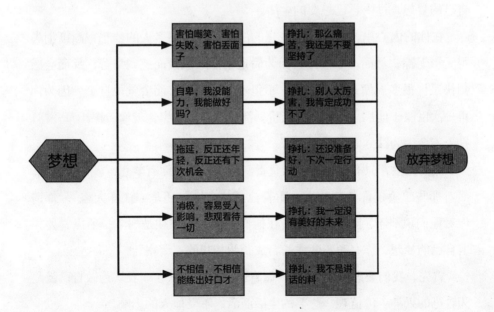

图 4.1 你是如何偷走自己的梦想的

在我的职业生涯中，由于工作的关系，听过太多关于自己偷自己梦想的故事。有一个人，喜欢做演讲者，可是却对当众演讲感到无比恐惧，从不敢上台说一句话；有一个人，从工作后就喊着要买房买车，可是做事却喜欢拖延，从不肯花时间提升自己，买房买车就真的成了永远的梦想；有一个人，崇尚马云式的企业家，立志做一个成功的商人，可是由于自卑，始终不敢迈出第一步。

很多时候，我们就是一个"口是心非"的人。想要做一件惊天动地的事，可是从来没有采取过行动；想要追一个女孩子，可却从来没有跟她开口说过一句话；想要去爬一次当地最高的山峰，当来到山脚时却止步了；想要认认真真地看一本书，翻开第一页的时候，发现有一个综艺节目还没有看，书就永远静止在第一页了。

我们的梦想就是这样被自己偷走了！所以，如果我们要捍卫自己的梦想，就必须不断与梦想的小偷做斗争。只有我们比它们更强大，才能实现自己的梦想，过上自己想要的生活。

在你的内心里，藏着很多梦想的江洋大盗。很多人的梦想，渐渐消失得无影无踪。然而，小偷不会因为偷走了你的东西而感到痛苦，反而会感到快乐！很多人偷走你的梦想，不但不会痛苦，反而会觉得自豪，因为你再一次臣服于他们。而所有的代价，都是你自己承担。就像一棵小草一样，别人不会因为踩到它而感到痛苦。

你的人生，只有你自己可以负责。所以，如果你有梦想，就请捍卫它。面对那些想偷走你梦想的人，不管他是"小偷"还是"江洋大盗"，都请你对他们说"不"！很多时候，在他们面前，你往往是弱者。所以，要捍卫自己的梦想，你必须不断成长，成长为梦想的"警察"。

首先，我们要敢于做自己。"做自己"的内涵很多，我认为做自己就是为自己的兴趣、价值观、想要的生活而活，不受他人的影响。

太多的人都戴着面具在生活，因为根本就不知道自己的兴趣在哪里，不知道自己想要什么，所以很容易受别人影响。当你很容易受别人影响的时候，你的梦想就很容易从你身边溜走。所以，要学会分析自己，了解自己的兴趣、性格、价值观，找到自己可以为之奋斗一生的事业。我相信，当你能够看到清晰的未来的时候，你的梦想会长久地留在你身边。

其次，像傻瓜一样地生活。在我们向别人宣誓自己的梦想的时候，太多人告诉我们："这样是不行的！""别傻了，别人都不可能成功，你凭什么？""还是好好找份稳定的工作，能养活自己和家人就好了！"每天，我们的耳朵可能都会充斥着这些声音。它们就像催眠曲一样，麻醉了我们的脑神经，让我们放弃了抵抗。更可怕的是，这些声音无法从我们身边消失，因为发出这些声音的，往往不是萍水相逢的朋友，而是朝夕相处的父母、同事、好友。所以，我们唯一能做的，就是在心里留出一个位置，把这些话装进这个位置，然后继续按照自己的想法，去做我们想做的事。我们要像傻瓜一样地生活！

不久前，我在网上看过这样一张照片：在中国国际时装周上，一位叫王德顺的人，光着膀子领着一队模特走T台，须发苍苍却胸肌赫然。

当我看到这张照片的时候，我震惊了！

后来，我深入了解了这位霸气的老人家。在出来表演之前，王德顺是话剧演员。他后来在一次演讲中回忆道（整理而成，部分文字有出入。——编者注）：

我之前是拿着单位发的工资的。我演什么戏都得单位批准，还要过审查部门一道一道的审查关。先不说市里、省里或中央的审查，就是单位的艺委会审查那关都不好过。当时我演了一个节目叫《生命》。当灯光一起，观众看到舞台上有一个胎儿蜷在母体里。我把自己蜷曲成一个胎儿。然后，这个胎儿在母体里蠕动一会儿就降生了。胎儿降生不能穿衣服吧，那我怎么办呢？我穿了一个肉色的三角裤，观众看不见穿衣服，就感觉一个肉团子滚出来了。接着是婴儿的攀爬，少儿的学步，青年的跑跳，壮年的跋涉，老年的蹒跚，暮年的祈祷，一直从生演到死，最后变成一个坟墓。坟墓里面又出现一个胎儿。这个节目表现了生命的循环往复。可是人家说，这不行啊，给人感觉像没穿衣服，不能演。

我还有一个节目叫做《囚》。这个节目表现了人对自由的向往。有一个人在铁笼子里边撞啊撞啊，想要冲出去。舞台上什么也没有，得创造出铁笼子，怎么也拉不开。突然，他感觉自己变成了一个大力士，抓着铁栏杆拉开了铁笼子飞出去了，开始自由地飞翔，接着在草地上打滚，沐浴着阳光雨露。最后，他跳了一段疯狂的舞蹈。他醒来了，原来是一场梦。

可是，审查部门说，谁知道这人是好人坏人啊？好人是有自由的，如果是坏人，不能让他冲出牢笼。坏人就应该被关在牢笼里。你这个节目是非不清，不能演。

我想来想去，不就是拿着你给我发的工资吗？单位给我发工资，我不要了不就行了吗？我把这想法跟我的好朋友说了。他抓着我衣裳说，你傻呀！你都50岁了，再有10年就退休了。退休之后你就有退休金、养老金和医疗保险了。你有钱，有房子，要什么有什么，后半辈子不用愁了。要是现在走，你傻不傻啊，你活不活了？

我当时真有一股傻劲儿。什么叫"傻"呀，不考虑后果就是傻；什么叫"亡命徒"啊，不顾死活就叫亡命徒。到了北京，我到中央戏剧学院演出，场面火爆。当时，正赶上中央戏剧学院校庆。我夫人是中央戏剧学院导演进修班毕业的。她说，中央戏剧学院的老师同学非常欢迎我这台戏。中国戏剧家协会主席看见这台戏，说你们在北京等着啊，我以中国戏剧家协会的名义向首都观众推荐演出，向全国推荐演出，这是一台好戏。我当时受宠若惊啊，中国戏剧家协会居然向全

Part 4 你的"梦想浪费指数"爆表没？

国推荐我演出了！

就这样，50 岁的王德顺，还是做了一回傻子，捍卫了自己的梦想，活出了自己想要的生活！

在追逐梦想的过程中，我们太缺乏傻瓜一样的精神了！

在一次培训课程中，一个学员分享了这样一个小故事：

从前，有一群青蛙组织了一场攀爬比赛，比赛的终点是：一个非常高的铁塔的塔顶。一大群青蛙围着铁塔看比赛，给它们加油。

比赛开始了，老实说，群蛙中没有谁相信这些小小的青蛙会到达塔顶。它们都在议论："这太难了！它们肯定到不了塔顶！""它们绝不可能成功的，塔太高了！"

听到这些，一只接一只的青蛙开始泄气了，除了那几只情绪高涨的还在往上爬。

群蛙继续喊着："这太难了！没有谁能爬上塔顶！"越来越多的青蛙累坏了，退出了比赛。

但有一只却还在爬，它越爬越高，没有一点放弃的意思。最后，除了那一只，其他的青蛙都退出了比赛。它费了很大的劲，终于成为唯一一只到达塔顶的胜利者。

很自然，其他青蛙都想知道它是怎么成功的。有一只青蛙跑上前去问那位胜利者它哪来那么大的力气爬完全程的？结果却发现，它竟然是个聋子！

人生中有太多的干扰，让我们放弃。何不做一个聋子，活出自己想要的精彩呢？人生何其短，有梦更精彩！让我们捍卫自己的梦想，让梦想照亮我们的现实！

世界上最大的浪费，是做太多与梦想无关的事

很多人为了成功，会做很多事，认为只有做很多事，才会产生更多的价值。

很多人都在犯这样的错误：工作后，为了能够多赚点钱，除了8小时的主业之外，晚上还会去做兼职。可是一年下来，究竟能多挣多少钱呢？兼职多赚的那点钱，可能只够维持他的生活费。很多人会沾沾自喜，觉得自己很厉害。然而他却不知道，实际上亏大了！

我们亏在哪里？亏的是时间。一年下来，我们的时间花费了，赚到的只是生活费，而由于花在主业上的时间太少，导致进展很慢。长久以往，在工作上的积累就达不到质变的标准。当年纪越来越大，由于没有积累，我们还是只能做着普通的工作，加上没有了年轻时的拼劲，我们的生活只会过得越来越差，最终我们会一事无成。这是很多人的人生模式，即"多元化模式"。这种多元化模式不是每个人都适合的。

多元化模式的最大的特点是，做很多工作，试图通过做很多事来最大化人生价值。这种人生模式很有迷惑性，表面上看，我们做了很多事，但其实每一样都钻研不深。因为人的精力是有限的，人的一生不可能做好很多事。要想在某方面超过别人，肯定需要专注。

有一年春节时和朋友聚会。大家一年都没见面了，自然少不了聊聊去年的收获。

一个久未谋面的朋友在酒席上侃侃而谈，说他在过去一年里，做了很多事情，成绩斐然。

我问他："你的主业是做什么呢？"

他回答道："做品质主管。"

"那你在这个岗位上做了多久了？"我想了解一下他的基本信息。

"4 年了。"他回答得很干脆。

我问他："你这一年做了哪些事情呢？"

他说："这一年来，除了正常的上班之外，下班之后，我还会去跑滴滴打车，周末的时候还会去香港做水客。"

我问他："这一年做了那么多事，你赚了多少钱？"

"我去年一年，总共多赚了 4 万块钱。这 4 万块钱，够我平时的花销以及我养车的钱了。"他很自豪。

乍一听，多做点事，可以多赚点钱来补贴日常花销，就可以将工资存起来，一年下来也可以存点钱。这是很多人的想法。

但是很多人忽略的一个事实是，看似花了时间多赚了点钱，实则失去了更重要的东西：时间。我们做着最愚蠢的事情：用时间换金钱，除了金钱什么也没有得到。像我这位朋友，平时去跑出租和做水客，实际上都是用时间换金钱的典型行为。

我问他："你的梦想是什么？"

"我想通过自己的努力做到公司的中高层。"他毫不迟疑地回答。

"可是你在品质主管的岗位上已经做了 4 年了，为什么职业发展还是停滞不前呢？"我想引他深入思考。

他看了我一眼，没有回答我。其实，那么多朋友在场，我并不想给他难堪。我只是觉得，他应该醒醒了。他是我以前的好朋友，只不过因为分隔两地，大家联系少了，所以我对他了解比较少了。

其实，当我问了他这个问题之后，我相信他内心已经开始思考了，甚至可能已经找到了答案。真正帮助别人解决问题的教练，是问问题，而不是给答案。

后来，聚会散了之后，我们就再也没有联系。

8个月后，我接到了他的电话。在电话的那头，他很兴奋。

他说："刘兄，我升职了。我被提拔为公司的品质经理了。"

听了这个消息，我内心很替他高兴。

我问他："你是怎么在不到一年的时间里做到的？"

他在电话那头笑得合不拢嘴："这得要感谢刘兄你啊！过年聚会的时候，你的话点醒了我。回来后，我问了自己好几遍，我这么多年的梦想是做到公司的中高层，可是为什么没有做到呢？这么多年来，我去做那么多兼职，赚的那点钱，真的是自己想要的吗？

"我每天下班后就开车去拉客，周末去做点小兼职，确实赚了点小钱，我也觉得自己挺厉害的。可是，我的工作却落下了。我再也没有时间去提升自己，也没有时间去解决工作上的问题。久而久之，我在工作上出现了不在状态的情况，也没能够积极解决工作上出现的问题，领导对我的工作并不认可。所以，升不了职是正常的。

"以前，我觉得一边做主业，一边做点副业赚点钱，拿两份工资挺好的，而且也从来不觉得这会对我的职业发展造成太大的影响。经你点拨，我才知道，其实我平时把时间花在那些赚点小钱的事情上，是阻碍我成功的最大因素。

"所以，那次聚会之后，我就停掉了两份兼职，专心把工作做好。我还报名学习了品质管理知识。今年，我做了一些大项目，效果很好，所以领导把我提上来了。"

他一口气跟我分享了他的喜悦。

挂掉电话之后，我长长地舒了一口气，也为他的改变而开心。

其实，**每个人的时间都是有限的，我们把时间花在哪里，哪里就会成长**。当时间分散之后，我们的职业发展就会很慢。所以，世界上最大的浪费，就是做太多与梦想无关的事。

很多人都知道时间就是生命，时间就是效率。所以，他们都在追求时间的最大价值。本以为在最短的时间内做最多的事，就是创造最大的价值，但是结果恰恰相反。这是时间管理大师不会告诉你的。他们只会告诉你，争分夺秒去做更多的事。但**做更多的事，未必能够给你带来最大的价值。只有做更多有助于你的目标的事，才能创造最大的价值**。这也是为什么我一直强调，要找到让你奋斗一生的职业目标的一个很重要的原因。只有有了这个目标，你才知道怎么取舍，才知道该干什么，不该干什么。这个世界上，没有比时间更可贵的东西。所以，你所有的时间，都应该献给你的梦想。

很多人看似很忙，但其实忙的都是与自己梦想无关的事。白天上班参加了无数会议，可都与自己的工作无关；下班后就去约会或看电影；周末约出去玩的人已经排到了下个月；一到假期就欢呼雀跃，因为可以有更多的时间跟朋友聊天了。

一个人不成功，往往不是没有梦想，而是有了梦想，却整天做着与梦想无关的事。所以很多人的梦想，都成了自己安慰自己的借口。他往往会告诉别人，他是个有梦想的人。可是，他的梦想永远没有实现，因为他根本就没做过让梦想实现的事。

分心是人性的弱点。人专心做一件事，往往会感到痛苦，所以很多人总喜欢做很多事来分担痛苦。但这恰恰会降低做事的效率。

做着与梦想无关的事，其实就是在浪费生命！

乐嘉曾在一次分享会中，谈到自己成功的原因：

> 年轻的时候，我看了很多成功学方面的书，因为我非常向往成功。在看了无数成功学图书后，我发现，绝大多数书讲到最后，道理基本上都是差不多的：梦想、目标、欲望、行动、信念、激情、专注和坚持。这8点几乎都会出现在所有成功学图书中以及成功人物的嘴巴里。

　　我一直是按照这 8 件事情来要求自己，但遗憾的是，从 16 岁到 28 岁的 12 年时间里，我还是换了将近 15 份工作。

　　在工作了 13 年以后，我开始进入培训行业。在做了很多培训课程后，有一天我突然发现一件奇怪的事情，那就是我的客户对我做的性格方面的培训非常感兴趣。最简单的一个表现就是，我给这个企业做完培训两年以后，再去他们公司时，仍旧还会有人跟我交流。而我做过的关于领导力、销售管理的其他课程，大家除了当场听完并鼓掌以外，再也没有人理我了。我从这件事情中受到启发，慢慢停止其他方面的培训，一心只专注性格培养这个领域。而在做这件事情的过程当中，我获得了巨大的快乐。所以，一个人必须要对自己所做的事情发自内心地热爱。

　　如果热爱，你当然会有梦想和愿望；如果热爱，你会给自己制订一个个目标；如果热爱，你就会渴望把这件事情做好。同时，你会有很强的行动力。更重要的是，你会相信自己，不管别人怎么打击都不会放弃，自然而然变得专注。最后，你不用担心坚持的问题。那些认为"坚持很痛苦"的人，是因为把需要坚持做的事当成一个任务。如果这件事就是你每天最想做的事情，那么所有问题都将不复存在。

　　幸运的是，我现在做的事情就是我发自内心热爱并且愿意用一生的时间全情投入的。但是，为了找到这件事情，我花费了 12 年的时间。无论你是谁，希望你能够找到内心深处真正热爱的事情。一旦找到这件发自内心热爱的事情，你身上每一个细胞的能量都将被激发。即使你暂时无法获得所谓的"名、权、利"，但在做这件事的过程中，你会获得生命价值感和无限的快乐。你会发现，在人生中，所有的一切都将归为尘土，只有内心深处的快乐是最为重要的。

　　很多人会寻找很多方法赚钱。炒股、开淘宝、做微商、买保险、买基金……

在刚工作的前几年，我也会存钱投资，比如炒股、开淘宝店等。但我发现，做这些事虽然确实让我赚到了一点钱，却占去了我大量的时间，而我的兴趣并不在这些地方。所以，我每天纯粹就是为了赚钱而活。难道我就这样度过这一辈子吗？而且，我赚的这点钱仅够自己的生活费，相对于深圳高昂的房价，简直就是九牛一毛。我还不如利用这些时间，好好实现自己的使命，因为只有使命才是一辈子的事情。

炒股、开淘宝店，都不是我能做一辈子的。后来，我注销了炒股账户，关掉了淘宝，全心全意扑在职业规划和口才培训上。当一心一意去做一件事的时候，我所有的潜能都被激发出来了。

人生真的不需要做太多事情，能做好一件就足够了。

只做一件事，你会得到更多

专注一件事的好处有很多，主要表现为如下几点：

可以让你把所有的精力都放在这件事上，你会比别人做得更好。这样一来相对于别人来说，你就更加有竞争优势。比如，给你一个月的时间阅读一本书和 10 本书，你能够分享的内容深度肯定是不一样的。

更容易给自己贴标签。贴标签是品牌塑造的常用方法。在生活中，我们经常会遇到这种情况：买房时，我们首先想到的是万科；打车时，我们首先想到的是滴滴打车；网上购物时，我们首先想到的是淘宝。只做一件事，可以让你在这个领域里更容易脱颖而出，被别人记住。

让你更容易成功。如果人生只有一件事，你就只做跟这件事有关的事。这样，在相同的时间内，你会比别人积累更多的资源，比别人获得更多的经验，从而比别人更容易成功。所以，你一定要找到你人生的蓝图。这个蓝图，就是你这辈子要做的一件事。当你找到这件事并且只做这件事时，你会发现，你获得的比你做很多事获得的要多得多。人们可以做很多事，但聪明的人不用什么事都做好，而只需要做好一件事。

花更多时间做与目标有关的事

读大学的时候，我们学校有一位讲授经济学的教授。他33岁的时候，已经了成了教授，是我们学校最年轻的教授。

他精力非常充沛，是个急性子的人，什么都要求快：走路快，写字快，语速快，直截了当，没有废话。他要求我们交作业要快。他批改作业的速度更快，我们把作业交上去之后，第二天他就会叫班长把批改好的作业交还给我们。

后来，在一次座谈会上，有学生问他这么快升为教授的秘诀。

"我背景并不好，博士毕业的学校也不突出，也没有留学经历，但我比别人目标更明确，花了更长的时间做研究。工作之后，我就全身心投入工作中。晚上，当别人去应酬的时候，我在查找文献；当别人晚上10点睡觉的时候，我一直忙到凌晨1点，以记录当天的心得；第二天早上6点30分，我就会起来刷牙洗脸吃早餐，然后花半个小时跑步。接着就是一天正常的工作——上课。当别人周末都出去娱乐时，我来到学校看书学习。"他轻描淡写，但或许，这就是他成功的最重要的秘诀吧。

几乎所有人的成就，都是在别人荒废的时间里完成的。当你还在睡懒觉的时候，别人已经起床去朗诵英语了；当你还在上网玩游戏的时候，别人已经坐在教室里学习了；当你周末还在晃悠无事可干的时候，别人已经拿着合同跟客户签字了；当你早早下班回去看电视的时候，别人已经把做好的项目方案放在了领导的面前。

时间是这个世界唯一公平的东西，每个人都只有24小时。然而，它对每个人来说，又是不公平的，因为每个人的时间利用率不一样。时间的利用其实都是在做二选一的选择。时间在哪里，结果就在哪里。

工作以后，我几乎很少在晚上9点之前下班。公司规定下午6点下班。在6~9点这3个小时里，我一般会花1个小时的时间以最快的效率完成公事，然后花两个小时做自己的事。很多想法，我都是在这两个小时里完成的，例如写文章。

每天晚上，当我回到家，洗刷完毕已经11点。有一天晚上，当10点半从公司回去的时候，我发现科技园写字楼的一些楼层的灯还在亮着。那些优秀公司的员工还在拼命。就像《杜拉拉升职记》里面的场景一样，当夜幕降临，越来越安静的时候，他们办公室里依然是忙碌的状态。

在之后的日子里，我发现有一家公司的灯通宵都亮着。我知道这家公司，它是这个行业的领跑者。此时此刻，我终于明白，它为什么可以成为领头羊了。当别的公司的员工早早就下班的时候，这家公司的员工却还在拼命（在这里，我并不是鼓励大家以牺牲健康的方式去拼）！

我知道很多互联网公司都是这样。因为只有产品比别人早出来一步，才能够更快地抢占市场。很多优秀的研发人员，为了更快地推出新产品，甚至把床和生活用品都搬到了公司。

原来比我们还拼命的人太多了！

如何在更短的时间里比别人做出更好的成绩？如何缩短达到人生目标的时间？就像那位教授一样，我觉得，无非就两点：

首先，在一天24小时里，花更多的时间做有助于达成自己目标的事。做到这点，首先你先要找到你人生的使命，也就是你将会为之奋斗一辈子的东西。这个东西必须符合你内心价值观，并且你甘愿为之付出。它是你人生走下去的主心骨。如果这个前提不对，那么你花再多时间也是在做无用功。如果你找到人生使命了，那么你生命中80%以上的时间，80%以上的事情，都应该围着它转。

在实现人生目标的过程中，我们总会受到很多干扰。这些干扰会拖延你完成使命的时间。如果以人生中的使命、干扰和时间的紧急、不紧急为维度，可以构建一个"人生管理矩阵"（见图 4.2）。

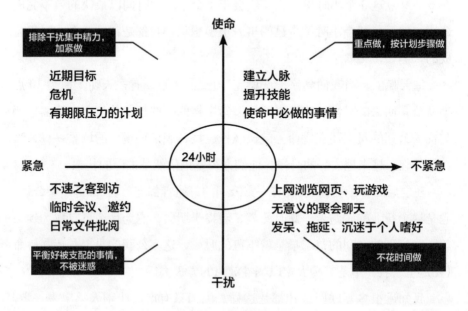

图 4.2　人生管理矩阵

每个人都有自己的人生使命。当你确定目标之后，每天都要花更多的时间去做有助于目标达成的事情。你一生大部分的时间都应该花在第一象限和第二象限。

例如，你的使命是一年之内成为一个有影响力的人力资源总监。如果你现在是人力资源经理，那你就要花 80% 以上的时间去积累人力资源总监所需要的能力与资源。

如果你本来就不具备人力资源总监的能力，每天也只是花 8 个小时上班，另外 8 个小时花在上网聊天和浏览网页上，最后 8 个小时全部用在睡觉上，你觉得你有可能达成你的使命吗？有可能，但是你需要比别人更长的时间。

很多人会说，我要在 30 岁前成功。可是到了 30 岁，还是没有成功！

有可能要到 35 岁，甚至 40 岁才可能达成自己的目标。为什么？因为积累不够。

马尔科姆·格拉德威尔的作品《异类》中提出的一条定律，即 "10000 小时定律"。简单地说，任何人要在任何领域出类拔萃，脱颖而出，都需要认真投入 10000 小时以上。10000 小时是一个发生质变的临界点。以每天 10 个小时算，10000 小时相当于 3 年多。也就是说，要做成一件事情，你就要每天投入 10 小时，而且要持续 3 年多。如果每天只投入 5 小时，那么就需要 6~7 年。

成功与年龄无关，只与你的积累有关。很多岗位，都会设定年龄和从业年限。例如经理岗位，一般都会要求 30 岁以上，在本行业工作 7 年以上。这主要是为了保证各方面经验的积累，也与中国大学的现状有关。因为中国的大学生，大部分毕业的时候都是 23 岁左右。当 30 岁的时候，如果发展顺利，大部分的人是可以完成经理岗位的积累的。

但是在我们的身边，也不乏 25 岁就做了总监的。我一个朋友的公司就录用了一个 25 岁的电子商务总监。

以前，我曾去一家世界 500 强企业做对标学习。令我惊讶的是，他们的人力总监还不到 30 岁。与之初步交流后，我发现他的知识储备、能力都远远超出这个年龄所能达到的范围。

后来跟他私底下交流，发现他就是一个工作狂人。他每个月都会参加很多针对岗位能力的培训，会看很多与专业相关的书。每年的 1 月份，他都会确定好这一年要看的书，然后统一买回来，每月规定自己看 7 本。他个人的闲暇时间几乎都花在看书、培训和提升上了。

日本首富孙正义，24 岁时住院一年，看了 2000 本以上的书；新东方 CEO 俞敏洪，在北大读书的时候，一年看 300 本书。这些日积月累，为他们后来的成功奠定了坚实的基础。

大学刚毕业的时候，我把自己大部分的时间都花在了学习上，曾经在半年内读了50本书。这对我以后的职业发展起了很大的作用。现在我每天写一篇3000字的文章，也是由于过去的积累。

如果你想早点成功，那就好好利用一下这个人生管理矩阵，让大部分时间都花在有助于你目标的事情上。当你每天都比别人多花时间去积累，那你就会成长得比别人快！

其次，花更少的时间做更多重要的事。这要求我们提高做事的效率。面对一件事，我们要始终有"是否可以再快点呢"的想法，并不断想办法提高我们的效率。

刚毕业的时候，我做招聘工作时，首先要做的事情就是筛简历、约面试。刚开始的时候，我是早上9点开始筛简历，筛一份简历打一个电话，接着就预约面试，结果整个上午只约了15个，所以，早上根本就没时间做其他事情。后来我想，我是否能够修改一下流程或者缩减某些环节来做得快一点呢？

我仔细分析了一下，发现我的流程不对。跟流水作业一样，当你同时做很多事的时候，速度就会慢下来，但是如果只做一件事的话，就会快很多。所以，后来我改成了花半个小时筛简历，然后集中在一起，花1个小时打电话，最后再花15分钟发邮件。这样，早上我还有时间做其他事情，甚至还可以安排面试。

所以，你要不断优化做事的方式。只要你去想，提高效率的方法是很多的。在这里，我跟大家分享一些提高工作效率的方法。

分解复杂的任务。面对一项庞大的任务，所有人都会恐惧，因为不知从何下手。但如果你能够将它们分解成一项项小小的任务，就可以相对轻松地完成它。例如看一本书，如果每天看10页，一个月就可以看300页，一本书就被看完了。

安排日程表，而不是待办清单。一般人会把明天要做的事列一个清单，但是第二天结束的时候，发现最难的任务往往还没做。这是由于待办清单缺乏时间限制，不是很有效。所以，还要给每项任务分配时间。如果你都不知道自己有多少时间可用，怎么安排事情的优先等级？你要在自己有限的工作时间里，有意识地做决定。每项任务都列出实施时间，能让你做事更有效率。

一天要做的事情不要超过6件。一个人的精力是有限的，而且拥有的时间无论如何也不会超过上帝安排的每天24小时。行为科学家研究表明，一个人一天中最高效的任务数是完成6件事情。对于每天工作8小时的人来说，6件事情其实是一个目标。方法很简单：

◆ 找出一个专门的工作日记本来记录。

◆ 写下你今天最重要而紧急的事情（最多不可超过6件）。

◆ 按先后顺序把一件事情做完后以后再来做第2件事情，以此类推。

◆ 一天结束后对自己今天做的工作做一个小小的总结。

◆ 计划明天的6件事情。

在实施中需要注意的细节：

◆ 在前一天晚上写下第2天要做的6件事情。

◆ 从优先级最高的事情着手。

◆ 和拖延作斗争。

凡是取得一点成就的人，都是时间管理方面的大师。如果你能够在有限的时间里，比别人多做一点事，我相信，你一定能够比别人早一天登上成功的殿堂！

做一个有结果的人

一个女性朋友告诉我，相恋了 7 年的男朋友跟她分手了。她今年已经 28 岁，人生最好的年华，都献给了这个男人。本来大家都以为他们会走进婚姻的殿堂，结果还是让大家失望了。我们都觉得有点惋惜，毕竟人生有多少个 7 年，能够去做一件没有结果的事？

"只在乎曾经拥有，不在乎天长地久。"这是一句流传至今的爱情至理名言。它激励了多少人不断追求美好的爱情，享受爱情带来的甜蜜过程。至于结果，就顺其自然吧。

然而，在甜蜜的时候，你可以说，不在乎是否能够永远在一起，只要曾经相爱就够了。一旦真正分手了，你真的能够坦然接受这个结果吗？多年的付出，难道就是为了最终的分开吗？我想大部分人的答案都是否定的。除非你不爱这个人，你和他在一起就是为了体验爱情的感觉，体验被爱的感觉，而他也不过是你人生中的一个过客而已。

不以婚姻为目的的谈恋爱，都是耍流氓！

有一位 55 岁的大姐叫安子，至今未婚。她曾经跟我们分享了她的故事。

"谈恋爱就是为了享受。"这句话曾经是她的座右铭。她一生谈了 10 个男朋友，但是没有一个人与她走进婚姻的殿堂。每一次，都是以相互喜欢开始，以相互讨厌结束。对于这样的结果，她每次给自己的安慰是：我很享受这样的过程。

直到那年，当父母双双离世，这个世界上最爱她的两个人都走了的时候，她才意识到，原来自己是多么孤独。没有老伴，没有小孩，时间留给她的，是一串串虽美好但是永远抓不着的回忆。在生病的时候，没有人照顾；躺在床上想吃东西的时候，只能自己爬起来，到厨房里亲手做；生气的时候想撒撒娇，却没有人可以把肩膀借给她。

她告诉我们，爱情是需要有结果的。这个结果就是婚姻。不以婚姻为结果的爱情，就是浪费生命，其实是对亲人、对自己最大的不负责任。她的父母辛辛苦苦养大她，在她年轻的时候就翘首盼望她能够结婚生子。可是，直到他们去世，她还是孤单一个人。或许，她父母死都不会瞑目。

在我们的生活中，有很多像安子这样的人。花很多时间做一件事，以为享受过程就是最好的结果，可是最终什么都没有得到；花了时间谈恋爱，可是那个你认为最爱的人还是跟别人结婚了；花了时间开拓客户，可是你认为跟你聊得来的客户却跟别人签约了；花了时间结交朋友，可是在你最困难的时刻，那个你认为最可靠的朋友却消失得无影无踪了。多少人，还在做着毫无结果的事情。没有结果，就像一辆车没有了汽油一样，外表再豪华漂亮，也只能停放在停车场。

在工作中，工作靠结果。公司就是靠员工的结果来生存的。如果一个月下来所有人都没有卖出公司的产品，公司恐怕就生存不下去了。你说你开拓了很多新客户，跟很多客户关系很好，可是他们都不买你的单，有用吗？

而我们，就是靠给公司的结果，获得应有的回报。我们所能做出的结果，就是我们的价值所在。我们能产生多大的结果，就能创造多大的价值，就能获得多大的回报。

在这个世界上，有很多东西可以衡量一个人成功与否，但结果是衡量一个人成功与否的根本标准。你能不能拿出结果来，这是判断你成功与否的标志。很多人会说，为了某件事，他付出了很多很多，过程是多么艰辛。然而，如果没有结果，没有人会在意你付出了多少。当评估一个人的时候，人们往往会说："请拿结果出来说话。"

在年轻的时候，我们更要用结果来说话。对结果负责，才是一个对自己负责的人。

首先，让我们来看一项研究：哈佛商学院曾对世界 500 强企业中总经理、副董事长、董事长这一级别的人进行近 10 年的研究分析，发现在这些人中，具备什么样特质的人都有：有性格内向的，有性格外向的；有能言善辩的，也有睿智寡言的；有外形俊朗的，也有相貌平平的；有黑人，也有白人……由此得出一个结论，成功人士与性格、心胸、知识、素质、民族、种族都没有必然的联系。在他们身上，只有一个共同点：对自己真正地负责。怎样才叫"对自己真正地负责"？一个对自己负责的人，他的身上一定会有个重要的特点：结果导向！

把焦点放在有结果的事情上

你的焦点在哪里，你的能量就会流向哪里，你哪里就会成长。你把焦点放在对目标有益的事情上，你的目标就会达成；你把焦点放在能力的培养上，你的能力就会提升；你把焦点放在抱怨上，你的生活就会充满抱怨的人和事；你把焦点放在解决问题上，无论这个问题有多难，都会被解决。

很多人一事无成，是因为没把焦点放在有结果的事情上。例如，你设定了 3 年内要实现从主管到经理的跨越的目标，可是根本就没把焦点放在有助于目标达成的事情上。每天，你还是下班就回家，回家之后看电视、玩游戏、上网；周末睡懒觉、出去游玩，根本没花时间提升自己的能力。这样，如果能有好结果的话，也是靠运气了。

把焦点放在有结果的职业上

很多人穷尽一生的努力，却还是在做自己不擅长的工作，所以永远都做不出成绩。企业永远是看结果，谁有结果，谁就能得到企业的认可。所以，如果你还在做着没有结果的职业，那你有两个选择，要么赶紧提升自己的能力，要么赶紧进行职业定位，找到能让自己出结果的职业。

把焦点放在有结果的能力提升上

很多人学习很多东西，却越来越迷惘了。因为你学的东西根本就用不上，根本就无法帮助你在工作上出结果。一个做会计的人，却花大部分的时间学心理学；一个做研发的人，却花大部分时间学销售知识；一个做人力资源的人，却花大部分的时间学金融知识，效果只会适得其反。我并不是说，不要学习太多的知识，而是说，你大部分的时间应该花在能够帮助工作出结果的能力提升上。例如你是做销售的，那你大部分的时间应该是放在销售思维、技能的提升上，就算你对国学很感兴趣，也只能作为业余爱好。如果你花大部分时间学国学，那就是本末倒置了，届时你将丢了西瓜又没了芝麻。

做一个有结果的人

以始为终，能让我们想清楚自己的目标；以终为始，才能让我们实现自己的目标。行动才有结果，行动才能改变。**你的焦点在哪里，结果就在哪里；你的行动在哪里，结果就在哪里。**

做一个有结果的人，才不枉我们的青春年华！在我们拥有青春资本的时候，要做的就是对青春负责：要在年轻的时候，我们就要获得自己想要的结果。

不管你想要什么，不管你有多少借口，你都要保证，你有一样东西是有结果的。**年轻的时候，你可以没有自己的事业，但一定要建立自己的家庭；你可以没有职业上的发展，但一定要找到自己的职业方向；你可以没有钱，但一定要得到晋升；你可以没有职业的发展，但一定要提升能力为以后的职业发展打下基础。**这些都是我们一定要用青春换来的结果。

我们控制不了结果，但可以尽自己最大的努力去靠近结果。记住自己想要到达的彼岸，然后努力去靠近它。**爱情，不仅仅是要曾经拥有，更是要天长地久的结果！工作，过程不重要，结果才重要！学了多少东西不重要，能力提升才重要！开发了多少新客户不重要！成交才重要。**辛苦流汗不重要，只要有结果，辛苦也值得！不要做一个有始无终的人，而要做一个以终为始的人！奋斗，用青春换取你想要的结果！

"尽力"还远远不够，要"全力以赴"

在一次学习活动上，老师给我们每个学员布置了一个任务：每个人回去之后，围绕自己今年的目标，制订下一个月的行动计划。下一次上课的时候，每个人轮流上台展示自己的行动计划，然后两两一组搭档，相互监督对方的完成情况。一个月后，各自汇报自己的行动计划完成情况。

我的搭档是一个外表看起来很柔弱的女孩子，但她现在是一家新能源公司的销售总监。我们相互留了联系方式，就分开制订下一个月的行动计划。

回家后，我开始思考下个月要做什么。我希望每周留一天出来给自己放空，所以那一天我没有安排什么事情。只有周六那一天，我给自己排满了事情。然后是周一到周五，每天除了上班之外，下班之后，我一般会安排两个小时的学习、社交等活动。对于这个行动计划，我很满意，因为我也算是努力了。

很快，一周之后，到了分享行动计划的时间了。那天，我上台分享了自己的行动计划。我以为我的事情是最多的，因为别人周末都在休息，而我却放弃了休息。

轮到我的搭档上台分享。当她打开 Excel 表格的那一瞬间，我惊呆了。密密麻麻的表格上，填满了下一个月她将要做的事情。

她今年的目标是要升为公司的营销副总经理。为了达成这个目标，她又细分了 3 个小目标：第一个目标是年销售额比去年增长 30%；第二个目标是拓展人脉，不断认识对自己事业有帮助的朋友；第三个目标是要提升自己的战略规划和人际沟通能力。

为了达成这 3 个目标，从周一到周日，她从早上 6 点起床开始，到中午休息，再到晚上 12 点睡觉之前的时间，几乎都排满了要做的事情。

我问她：你全部的时间都给了你的目标，不累吗？

她说：这些事情都是我喜欢做的事情，而且这些目标是我内心非常渴望达到的。我想全力以赴，看看自己的极限在哪里。

看看自己的极限在哪里。我开始对眼前这个看似柔弱的女子有了更多的敬佩。

在第二年的 1 月，她发微信告诉我，她所带团队的销售额比上年增长了 60%。在数量上，比第二名还多了 1000 多万元。很顺利地，她当上了公司的营销副总经理。

很多时候，很多人的失败，是根本就没有认真对待过，用尽自己的全部力量，去完成一件事情。人的潜能是无限的，未曾付出行动，你就不知道自己的极限在哪里。

如果你未曾早上 6 点起床，就不要告诉自己努力了；如果你未曾在 11 点才拖着疲惫的身躯回家，就不要告诉自己为了事业已经拼命了；如果你未曾为解决困难想尽一切办法，就不要告诉自己尽全力了；如果你有很多时间在虚度，就不要问自己为什么身边的人都取得了成功，而你没有。

你的努力，远远不够

我曾经怀疑自己的口头沟通能力。我曾经不相信自己能够将培训当做我的职业。因为曾经的我沟通表达能力无比糟糕。记得还在大学的时候，一个跟我接触的 HR 谈了对我的初步印象：表达能力差，说话啰唆。

在那一刻，我突然觉得自己眼前一片黑暗。但我又是一个很好强的人，为什么别人能够做到的事情，我就不能做到呢？未曾付出，难道我就告诉自己不行吗？不能！很多事情，其实我都可以做好，包括练好自己的口才。

从那以后，我每天起来第一件事就是朗读文章半个小时。另外，我还会每天不断分享故事，周末组织人员到户外演讲。大学毕业之后，我走上了培训的讲台。

在我工作后的第三年，我的上级在一次跟我聊天中谈到了我的优点。她说，你的口才很好。因为我在公司是负责培训的，而她是主持者，所以对我很了解。跟一些优秀的人相比，我不敢说自己的口才很好，但是跟以前的自己相比，我觉得自己已经成长太多。

很少有人天生就具备某项能力，所有的能力，都是可以后天培养的。只是后天的努力程度，决定你的优秀程度而已。

在一次采访中，记者问科比的成功秘诀是什么？科比说，我知道洛杉矶的凌晨 4 点是什么样子的。凌晨 4 点，人们肯定还在被窝里呼呼大睡，可是湖人队核心人物科比·布莱恩特却已经在训练场上训练了。

科比成了训练"疯子"。他发明了"6—6—6"魔鬼训练方法，因为此法训练强度之大，只有"地狱"才能形容。这个训练方法可以解释为"每周 6 天，每天 6 小时，每次 6 个阶段"。训练内容包括：投篮中距离 +3 分共 6000 次！跳箱 6000 次！100 米冲刺 6000 次！举杠铃 600 次！深蹲 600 个！俯卧撑 600 个！跳投中篮 3000 个！

当很多球员在进行各种休闲活动时，科比却风雨无阻地进行着"6—6—6"的训练课程。多年来，只有一次因意外事件，科比曾短暂中断过训练。

做事没有成功，有很多因素，但是我们没有全力以赴，肯定是其中一个很重要的原因。遇到困难就放弃，做事浅尝辄止，抉择摇摆不定，会让我们离成功越来越远。

一天，猎人带着猎狗去打猎。猎人一枪击中一只兔子的后腿。受伤的兔子拼命地奔跑。猎狗在猎人的指示下飞奔去追赶兔子。

可是追着追着，兔子跑不见了，猎狗只好悻悻地回到猎人身边。猎人骂猎狗："你真没用，连一只受伤的兔子都追不到！"猎狗听了很不服气地回道："我尽力而为了呀！"

再说兔子带伤跑回洞里，它的兄弟们都围过来惊讶地问它："那只猎狗很凶呀！你又带了伤，怎么跑得过它的？""它是尽力而为，我是全力以赴呀！它没追上我，最多挨一顿骂；而我若不全力跑，就没命了呀！"

人本来是有很多潜能的，但是我们往往会对自己找借口："管它呢，我已尽力而为了。"

事实上，尽力而为是远远不够的，尤其是在这个竞争激烈、到处充满危机的年代。请常常问问自己：今天我是尽力而为的猎狗，还是全力以赴的兔子？

何不尽力，看看自己的极限在哪里

未尽全力，就不要告诉自己不行！那么，我们该如何尽力，才能看到自己的极限在哪里呢？在这里有以下几个建议，供大家参考：

把自己的时间排满。如果你想做成一件事，试着填满自己的时间，不要虚度光阴，在某段时间里，都在做着跟这件事有关的事。坚持一段时间，看看自己能否做到做好。一段时间内，并不能看到成绩，但只要你努力了，你会获得回报的。

逼自己一把。在成长的过程中，会有很多痛苦的事情。你可能不愿意品尝这些痛苦，但是不去品尝，你就不可能成长。所以，你要学会逼自己一把，咬咬牙，坚持下去，或许你能够看到不一样的结果。

再坚持一下，全力以赴。生活中，有很多压力和不顺，当遇阻的时候，你往往会怀疑自己的选择，是自己不行吗？是自己不适合吗？当初的选择不对吗？其实，很多时候，不是选择不对，可能是你的积累还不够，你的能力还不足以撑起你的梦想。所以，请再坚持一下，并全力以赴提升自己。

当有一天，你跟别人抱怨，你已经很努力，为什么还是没有取得自己想要的成就。那么，你就要想想，你把自己逼到极限了吗？你的努力，远远不够！只有把自己逼到极限了，你才会发现自己原来可以那么优秀。

坚持不一定会成功，为什么还要坚持？

成功学告诉我们："只要一直坚持下去，你就一定可以成功！"这让很多人像疯子一样，一直坚持下去，不到黄河不死心。确实，有些人成功了，有的人却成了炮灰，成了别人成功的垫脚石。

其实，坚持未必能够成功。

一个初秋的傍晚，一只美丽的蝴蝶从窗户飞进来，不停地在房间里一圈又一圈地飞舞。它显得惊慌失措，原来是找不到出去的路了。

它不停地拍打翅膀，一次又一次地努力，可任凭它怎么在房间里左冲右突，都没能飞出房子。

它有点绝望了。之所以无法从原路出去，原因在于它总在房间顶部的那点空间寻找出路，总不肯往低处飞——低一点儿的地方就是开着的窗户。有好几次，它甚至都飞到离窗户顶部至多两寸的位置了。

一天，两天，一个月，两个月过去了。那只蝴蝶始终朝着一个方向飞，这个方向始终比开着的窗户高一点儿。

最终，这只不肯低飞一点儿的蝴蝶，耗尽了全部的气力，奄奄一息地落在桌上，像一片毫无生机的叶子。

坚持了错的方向，你会被撞得头破血流。很多人做事都很坚持，可是有时却成了盲目坚持。

坚持不一定会成功，为什么还要坚持？

1967 年，美国心理学家塞利格曼对狗进行了一项实验：起初把狗关在笼子里，只要蜂鸣器一响，就给狗施加难以忍受的电击。狗被关在笼子里，逃避不了电击，就在笼子里狂奔，屎滚尿流，惊恐哀叫。多次实验后，蜂鸣器一响，狗就趴在地上，惊恐哀叫，却不狂奔了。后来，实验者在电击前，先把笼门打开，此时狗不但不逃，反而不等电击出现，就倒地呻吟和颤抖。它本来可以主动逃走，却绝望地等待痛苦的来临。

塞利格曼将这种行为称为"习得性无助"。这是指通过学习形成的一种对现实的无望和无可奈何的行为和心理状态。

在我们周围，有很多人，也在不断地重复着这种习得性无助行为。当一个人在某件特定的事情上付出多次努力，并反复失败，形成了"行为与结果无关"的信念后，就会将这一无助的感觉过度泛化到新的情境中，甚至包括那些本可以控制的情境。

比如，当一个人在很长一段时间内处于孤独中，就会渐渐认为孤独才是真实的人生，从而更加放弃与他人交流。

当一个人对某项工作不断付出却遭遇失败，他很容易形成"再努力也不会有结果"的信念。慢慢地，他就会放弃努力，甚至还会对自身产生怀疑，觉得自己"这也不行，那也不行"，无可救药。

而事实上，此时此刻的我们并不是"真的不行"，而是陷入了"习得性无助"的心理状态中。这种心理让人们自设樊篱，把失败的原因归结为自身不可改变的因素，丧失继续尝试的勇气和信心，破罐子破摔。比如，他会认为学习成绩差是因为自己智高不高，失恋是因为自己令人讨厌等。

如果坚持了错误的东西却始终无法取得成绩，会很容易形成习得性无助。一旦形成习得性无助，我们往往会消极地面对生活，没有意志力去战胜困境，而且相当依赖别人的意见和帮助。那么，我们将永远不会再坚持。

坚持不一定会成功，但不坚持一定会死。人不怕坚持，怕的是坚持很久却看不到希望，就看淡了，就放弃了。所以不管你的坚持有没有达到你的期望，都不要气馁，只不过，你要学会坚持与放弃的智慧。

坚持而无果时，试着做点不同的事

很多人不知道自己是否应该转行或做点别的事。如果你从事某个职业一年以上，而且你已经全力以赴，却始终无法获得自己想要的结果，那你就要考虑，这个职业是否是你理想的职业？试着去改变一下自己，做点别的事，不要让自己获得习得性无助，从而丧失信心。

很多时候，坚持未必会成功。如果百般努力却成功无期，你可以选择放弃，换一个活法，也许会给你带来新的契机。

我们要坚持什么？

很多人会问，对于一个职业，我们要坚持什么？什么是值得我们坚持的？关于要坚持什么，我有以下建议：

第一，问问你的内心。问你自己，在从事这个职业的过程中，你是否开心快乐？是否觉得你所做的一切很有意义？如果开心，如果有意义，那就坚持下去，因为有可能是你还不擅长做这件事，因此还不能做出成绩。你接下来要做的事情是不断地提升自己，让自己的能力支撑起这份职业。

第二，要了解这个职业。了解这个职业是否对社会有用，你做的事情是否可以帮助很多人。记住，你能帮助越多人，你的价值就越大，这个职业就越有价值。比如老板这个职业可以帮助很多人，可以帮助别人就业，可以帮助客户解决问题，所以它的价值很大。你的职业价值大吗？

如果你遇到瓶颈，不知道自己是否需要坚持的时候，就多问一下自己上面两个问题。

让你坚持下去的几个方法

当我们找到适合自己的方向，成功就是坚持的问题了。很多人的人生，就是死在了坚持的路上。很多时候，我们都不能坚持，因为根本没有坚持的理由。要坚持下去，有8个方法可以帮助大家：

让你想做的事成为一种习惯。一个人一天的行为中大约只有5％是属于非习惯性的，而剩下的95％的行为都是习惯性的。当花上一段时间把学习计划变成自己的习惯之后，你就会发现自己离目标越来越近。

经过21天左右，就能形成一个新的习惯。但这只是一个大概的情况，根据不同的人和习惯，这个周期从几天到几个月不等。不管这个周期要多长时间，一般都要经历3个阶段：

第一阶段：此阶段的特征是"刻意，不自然"。需要十分刻意提醒自己改变，会让人觉得有些不自然，不舒服。

第二阶段：此阶段的特征是"刻意，自然"。你已经觉得比较自然，比较舒服了，但是一不留意，还会回复到从前，因为还需要刻意提醒自己改变。

第三阶段：此阶段的特征是"不经意，自然"。其实这就是习惯。这一阶段被称为"习惯性的稳定期"。一旦跨入此阶段，你已经完成了自我改造，这个习惯已成为你生命中的一个有机组成部分，它会自然地、不停地为你"效劳"。

当你的行动计划成为一种习惯，每天不做你就会觉得不舒服，那你肯定可以坚持下去。只不过在形成习惯之前，一定要学会逼自己一把，逼自己行动。

利用公众承诺的力量。如果计划只有自己知道，你坚持的动力就只有60分，因此你可以随时放弃；如果你的计划和另一半分享了，你坚持的动力只有70分，因为放弃时，你还要考虑另一半的想法；如果你的计划和另一半以及5个朋友分享了，你坚持的动力会达到80分，因为放弃时，你除了考虑另一半的想法还要考虑5个朋友的看法；如果你的计划除了和另一半分享，还跟自己圈子里的人都分享了，那你坚持的动力会达到90分；如果你的计划和全国人民分享了，你的坚持动力会达到100分。这就是公众承诺的力量。

何为公众承诺？就是当着众人的面许下承诺，让尽量多的人知道你的计划。比如，你今年要存钱买一辆车。那么，你就可以告诉你的朋友，告诉你的家人，告诉你的同学，总之人越多越好，包括和你关系不好的人。然后，你就得想清楚了：如果没买，就是说到没做到，那么多人知道了，我岂不成了没有诚信的人？诚信是一个人立身之本，如果失去了，无论如何都很难补回来。当你想到这些，不管遇到多大的困难，你都会想办法克服。为了兑现你当初的承诺，你会一如既往地坚持，直到成功。

这也是很多人结婚时，要请亲朋好友喝酒的原因，就是为了让大家见证你们的爱情。这样，在以后的相处过程中，就算遇到困难，也不会轻易放弃。

与志同道合的人在一起。努力找到一个和你有一样梦想的人，然后共同协作。在你想偷懒的时候，让他提醒你；在他想偷懒的时候，你提醒一下他。这样，大家相互监督，就算遇到困难，也可以相互解决。

人生难得一知己。职业生涯中，如果能够找到一个和你志同道合的朋友，那对你的职业发展将会有很大的帮助。有时候，你欠缺的就是一个能在自己快要放弃时，拉你一把的人。

有一个能让你奋斗终生的使命。我写这本书的使命，就是想帮助大家找到能让你真正奋斗终生的使命。所以，无论晚上写到几点，我都能够坚持下来。使命对一个人的发展很重要，能够找到的人，会幸福终生，因为不是谁都这么幸运的。把你的梦想和使命绑在一起，你就能够一直坚持下去。只要你一直在做着实现梦想的事，你就不会放弃。

自我激励法。丘吉尔说过：成功的秘诀第一是坚持到底，永不放弃；第二是当你想放弃的时候，照第一秘诀去做。当想放弃的时候，要懂得自我激励。一个成功的职场人，必然是一个善于自我激励的人。因为所有的困难与压力，更多时候都只能是自己一个人扛。

许多努力不是一下子可以看到成果，需要耐心和坚忍。只要你的方向正确，只要你愿意付出坚持的代价，你终究可以享受到成功的甘甜。

遇见职业的未来。很多人迷惘，就是不知道自己的付出能不能得到想要的结果。就像我创业，我不知道过程怎样，也许很艰苦，也许很顺利，但这都没关系，因为我知道结果是怎样的。我知道，只要我坚持着做自己喜欢的并且对社会有用的事，结果就不会差到哪里去。就算达不到最好的结果，只要能达到我能接受的结果就好。

职业规划是一种能力，当你提升了，你就能遇见自己职业的未来。当你能够遇见自己职业的未来，对于坚持与否，我相信你心中会有一个很明确的答案。

DO YOUR BEST, YOUNG PEOPLE

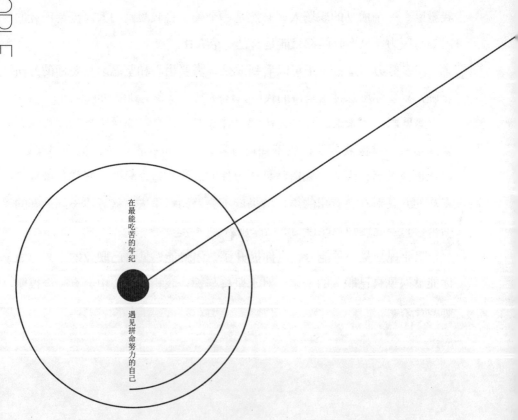

在最能吃苦的年纪

遇见拼命努力的自己

○ *Part 5*

那些你自以为『是』的

青春很公平。谁紧紧拥抱了它，它就给谁丰厚的回报。当你放开它，年老时的遗憾回忆，会永远留在你的记忆里。请试着问问自己的内心，当自己年老而没有力气奔波的时候，回忆起年轻时的自己，你对自己会是什么感觉？是悔恨还是无憾？

那些会害你一辈子的"成功定律"

在我们成长的过程中，会有很多所谓的"成功定律"影响着我们。这些定律，有两种特征：第一，过于强调人的主观能动性，而忽视了人在规律面前的无能为力；第二，过于绝对化，而忽视了一件事的成功往往是多因素作用的结果。

这些所谓的"成功定律"，正在误导着人们。所以，接下来，让我们看看这些定律的错误之处，希望可以帮助大家。

第一个成功定律：性格决定职业

现在，性格分析学著作铺天盖地，无不在宣扬性格对成功的作用。性格真的决定命运吗？根据性格选择职业，就可以成功吗？如今，几乎所有的职业规划机构，都在鼓吹根据性格选择职业，仿佛只要选择了与自己性格相符合的职业，就可以成功。所以，在职业规划开始之前，他们都会要求咨询者先做性格测评，然后根据结果，给其划定相关的职业。

在过去的几年时间，对"性格决定命运"我也深信不疑。但近些年来，我的亲身经历和众多朋友的经历告诉我，这个理论其实是错误的。不是说性格不能决定命运，但性格对一个人的影响其实是很小的。

心理学界对一个问题一直存在争论，这个问题就是到底是性格还是环境决定人的行为。因为社会心理学研究发现，环境中一个很小的改变，也会对人的行为产生影响，而性格的影响则十分有限。我的观点是，性格对人的影响是有的，但没有人们认为的那么大。性格作为心理学的一个研究方向，对这个学科而言仍然很重要，但是应用到个体层面应谨慎，应用范围需要重新界定。

现在，很多企业在进行招聘的过程中，都会对应聘者进行性格测评。这类测评需要达到一定的精度，因此，除了测评题之外，测评者也是一个重要的因素。而目前心理学的测量工具，极少有能够达到足够精度的。如果被试者对各种性格所表现出来的特征非常熟悉，就可能会用回避的手段，从而导致性格测评的失败，因为很多人都想挑战与自己性格不符的职业。

比如，一个朋友告诉我，他是个很内向的人，但他真的想做销售。所以，大学毕业找工作之前，他了解了所有性格的特征。在应聘的时候，他有意往用人部门想要的性格类型靠，结果通过了面试。事实证明，他在挑战自己的过程中，成了公司的销售冠军，取得了职业的成功。

回归到职业规划。职业规划的最终目标不是找到最适合你性格的职业，而是找到能发挥你潜能、走向职业成功的职业。"性格"在学术上的定义是指，人对现实的态度和在相应的行为方式中表现出的比较稳定的、具有核心意义的个性心理特征。在目前职业规划的理论中，之所以认为性格决定职业，决定一个人的命运，其实归根到底就是因为性格中的某些特定行为是稳定的。但是一个人的行为是会根据环境的变化而变化的，例如就算一个性格内向的人，如果在一群人里，大家都在说说笑笑，那他总会被周围的气氛感染，从而也变得爱说爱笑。

所以，有的企业在招聘时已经不那么重视员工的性格了。例如很多企业都会试图建立任职资格管理体系。任职资格管理体系其实就是管理员工的知识技能标准、行为标准和成果的体系，而内在的心理标准并没有涉及。这是因为心理标准总是飘忽不定的，而员工的工作绩效是靠外在的行为来决定的。所以，性格对绩效的影响很小。

人是极其复杂的个体，很多因素都会对一个人的行为产生影响，比如别人对你的期望、你的社会角色、你所处的环境等。

例如，我有一个企业家朋友，经过创业初期的艰苦奋斗，终于拥有上亿身家。在别人的眼里，他似乎无所不能，与客户在酒桌上吹拉弹唱，俨然一个"性格外向"的外交家。他却跟我说，其实他内心并不喜欢与人打交道。周末如果公司没事，他就喜欢一个人待在家里。

一个对心理学很有研究的学者告诉我，很多人以为他是外向的，因为他极能聊。其实，他觉得自己是内向的。因此，在很多职业规划专家眼里的性格决定职业的理论，其实是不靠谱的。

日本经营之圣稻盛和夫在《活法》中提出了一个成功的公式：成功 = 思维方式 × 热情 × 能力。性格对一个人的工作效率有一定的影响，但是职业是否能够成功，性格却不是决定性因素。就像上面的例子一样，人们普遍认为，只有性格外向的人才能够胜任企业家的工作，因为这个职业需要在社交场合左右逢源。但事实证明，内向的人一样可以成为成功的企业家。我相信各位身边都不乏这样的例子。

以性格选择职业，有4大害处：

◆ 每种性格都对应某种职业倾向，但是具有某种性格的人在其所倾向的职业领域里，不一定符合某个岗位要求，导致成功的概率降低。

◆ 会缩小职业选择的范围，最终把自己局限在熟悉、舒适的领域。一旦固定在特定领域，人生将会产生局限性。

◆ 性格有缺陷的人将失去改变自己的机会。如内向的人不善表达，就认为不适合做与人打交道的工作，而去做一些简单的与物打交道的工作，失去通过工作改变自己的机会。

　　◆ 任何一种职业中，各种性格的人都有；成功的人群中，各种性格的人都有。如果某种性格固定对应某种职业，那就是呆板的经验主义了。

以性格作为职业的决定性因素，将使你失去很多机会。过分关注性格只能让你在歧途上越行越远。不如把时间花在更直接，更有意义的知识积累和技能提升上，比如学习专业知识，提高沟通和人际交往能力等。这些知识的积累和能力的提升，才是决定你成功的关键要素。

所以，不要做性格的奴隶，要做性格的主人。抛开性格的桎梏，你会看到不一样的自己！

第二个定律：360 行，行行出状元

360 行，行行出状元。在职场，这是至今最被人认知的真理。这个"行"，我可以理解为"行业"或者"职业"。"行行出状元"出自明朝冯惟敏《玉抱肚·赠赵今燕》，意思是每种职业或行业都可出杰出人才，用以勉励众人精通业务、巩固专业。

行业是商业经济的载体，每个人毕业之后，进入社会工作，都必须选择行业。但是每个行业的发展程度都是不一样的，有的行业刚刚起步，有的行业则已经发展成熟甚至已经走下坡路。例如印刷业，以前很火，但是现在慢慢也没落了。如果你选择了这个行业，恐怕会面临转行的选择。所以，职业规划还是要考虑行业的。如果不考虑行业，恐怕以后会更加被动。

要做好职业定位，必须做好行业分析。因为每个行业所处的发展阶段及其在国民经济中的地位、未来发展趋势等都不一样。所以，判断行业投资价值，揭示行业风向，可以为大家提供职业选择的决策依据。正所谓"站在风口上，猪都能飞起来"。

小米公司 CEO 雷军和刘德华曾在清华大学展开一场名为"将人生变成战场"的对谈。"科技界劳模"与"娱乐圈劳模"的首次公开对话引来了众多人的关注。

雷军在对话中说："40 多岁之后，我领悟到顺势而为。要想大成的话，就像我之前讲的，台风来了，猪都可以飞。如果能保持猪一样的态度，也能成功。"刘德华回应："那我就是那头猪！"

雷军有两句名言广为流传，一句是"与其在盐碱地种庄稼，不如在台风口放风筝"，还有一句是"无论是什么时代，在风口上，猪都能飞起来"。这两句话显示了小米成功的一个核心要素——充分利用互联网思维，借"势"成功。

20 世纪 80 年代，摆地摊的人飞上了天；21 世纪刚开始几年，做淘宝的人飞上了天；现在，有互联网思维的企业和与"微"字有关的人飞上了天。

所以，选择一个好的行业对一个人的职业发展非常重要。只有选择对的行业，职业生涯才能更容易取得成功，因为每一种职业在不同行业里的发展程度是不一样的。

第三个定律：只要我够努力，我就能成功

在一定程度上，成功学让一部分人成功了，因为成功学注重个人内在的自我激励，让人遇到困难时不气馁，持续不断地付出，最终达到目标。但是，如果努力的方向不对，那永远都不会达到成功的彼岸。很多人在反思自己为什么没有成功时，都会觉得自己努力不够，却没有考虑过自己选择的方向是否正确。

"南辕北辙"的故事，很多人都听过，如果你想去南边，选择的路却是往北边的，那你离自己的目标只能越来越远。

从 NBA 第一次退役后，乔丹曾经想当一名棒球运动员。之所以选择打棒球，是因为他父亲的心愿并不是让乔丹成为篮球明星，而是一个棒球明星。为了满足父亲的愿望，乔丹开始练习打棒球。乔丹对棒球的热爱与执着不亚于篮球。他非常努力，全力以赴提升自己的棒球技巧。1994 年 4 月 8 日，乔丹首次参加职业棒球比赛。在这个赛季参加的 127 场比赛中，乔丹 51 次击打成功，击打成功率只有 20.2%；30 次盗垒，114 次被三振出局。努力并没有让乔丹成功，他不得不放弃棒球而去重新打篮球，因为在棒球运动中，接近 2 米的身高是他无法克服的障碍。

回到 NBA 后，乔丹创造了奇迹，成为 NBA 不可替代的王者。整个篮球界一片轰动，连克林顿都出来讲话，感谢乔丹的复出为美国带来的就业机会。

因此，仅仅努力是不够的，当你事业停滞不前时，你要认真反思一下：眼前的这条路，到底是否适合你？埋头苦干的同时，也不要忘记停下来，看看脚下的路是否适合自己。

第四个定律：过去等于未来

很多职业规划师在给别人做职业规划时，过分强调过去的知识、能力、经历对未来职业规划的作用，导致很多人失去了改变命运的机会。这实在是误人子弟。这种理论忽视了人的主观能动性。心理学理论告诉我们，人有很强的学习能力，我们今天所具有的能力都是通过不同方式和途径习得的。同样，我们还有调整自己、改正错误和提高自己的能力。所以，过去不等于未来，过去不行不等于今天不行，今天不行不等于未来不行！

我的口才班有个学员，分享了口才对他职业选择的影响。

他是个有表达障碍的人，甚至有点口吃。每位与他交流过的人都对他说，你以后还是不要做跟语言交流有关的事吧，就做一个计算机编程人员，因为这个工作可以不用经常与人交流。

因为他是学计算机的，当越来越多的人跟他这样说的时候，他就信以为真了，即使编程工作不是他内心喜欢的工作。所以毕业后，他就进入一家互联网公司成了一名高工资的程序员。可是就算高工资，由于不是感兴趣的工作，他平时工作很痛苦，每天都在熬日子。实际上，他非常渴望与人交流。

终于有一天，他实在受不了，决定跳出这个让他无比压抑的职业。可是，表达能力不行，怎么跟别人沟通呢？于是，他上网寻找各种锻炼口才的方法和视频，每天都坚持朗读，并参加专业的口才培训。在坚持了几个月之后，他终于可以比较顺畅地和别人沟通了。然后，他找了一份软件销售的工作，这样既没丢掉自己的专业，也可以经常与人交流。现在，他做得非常好，每天都很开心，因为这样的工作，是他发自内心喜欢的！

如果他当初听了别人的话，认为自己口才不好就不能做与人交流的工作，那么恐怕他这辈子都会过得很不开心。人的潜能是无限的，只要你想改变，总能找到方法。怕的是你从此认命，认为自己过去不行，所以未来也不行。

你的过去不等于未来。不管你过去多么自卑，多么内向，多么能力低下，也没人可以断定你未来就一定糟糕，只要你内心依然对未来充满希望，并用行动改变自己。

有些成功学定律，确实可以提升我们的精神状态，帮助我们走向成功，但"尽信定律则无定律"，很多事情，我们应该结合自身状况，做出更切合实际的选择。

逃得了"北上广"，逃不了"穷窘盲"

一个朋友 H 打电话告诉我，他准备回老家了，约我出去吃个饭。

我很诧异：他刚从家里过来，怎么又突然回去了？难道家里出了什么事吗？我没多问，只如约去见了他。他依然带着标志性的微笑。在我的眼里，他是个很乐观的人。

我问他："今年春节你刚回家，怎么又要回去了？"

他没有马上回答我，抽着一根烟，把烟吞下去之后，又吐了出来，还是我熟悉的样子。我知道他肯定是遇到烦心事了。每次心中有事或遇到不如意的事时，他总是借烟消愁。

"不想在深圳待了！这地方不属于我！"他终于开了口。

其实，在深圳，我听过太多这样的话了。30 多年前，深圳还是一个小渔村，如今已发展为几千万人的国际大都市。有多少人为深圳的发展做出了贡献。可是，在这片洒过热血的土地上，又有多少人来了又走了，留下的都是这句话：深圳不属于我。

"怎么了？"我想知道他心中更多的想法。

又沉默了一阵，他突然开口了："母亲生病住院了，但我却帮不了什么忙。没钱没事业没老婆，母亲住院的钱还是哥哥给的。母亲一直很牵挂我，对我的期望很大。她希望我能够尽快成家，稳定下来，可是我却辜负了她。"

他越说越激动。也许，在他的心里，母亲一直是其生活的动力。

他继续说道："我大学毕业后就来到深圳，这些年一直为了生活打拼。可是，深圳这么高的生活成本，我始终都只是在为了生存而努力。母亲一直希望我先成家再立业，可是你也知道，出来工作后，婚姻都是谈钱的。我都养不活自己，怎么还去连累别人呢？"

或许，他对自己都有点恨铁不成钢了。他一直在努力，却始终未过上自己想要的生活。

　　我说："其实在你的内心深处，你是渴望改变自己的现状的，可是突如其来的现实让你想逃避了。但你是否想过，难道回家了，一切都会变好了吗？你的母亲就会好起来了吗？你就可以找一个好姑娘结婚了吗？你就可以变得有钱让家人过得更加幸福了吗？"我试图扭转他的想法。

很多人，都有这样的误区，把所有不满意的现状，都归结为生存环境的恶劣。所以，他们以为，只要逃离了这个环境，一切都会好起来。

没钱给母亲治病，不是因为你在深圳，而可能是因为你这些年根本就没有存钱的目标，成了"月光族"。或者，你根本就没有把时间花在成长上，导致职业发展停滞；没结婚，也不是因为你在深圳，在深圳裸婚的人比比皆是，只是你放不下面子，硬要给自己的无能找一个借口。

但我不忍这样说他，想通过另外一种方式让他思考自己的行为。

　　"你回老家后，一样要吃要喝，一样面临结婚生小孩，一样面临母亲生病要花钱，对吧？"我问他。

　　他听了后，点了点头。

　　我接着说："回家是解决不了问题的。当然，如果你真的不喜欢这种生活状态也没办法。如果你回去结婚生子，然后甘于安稳地过一辈子，我不拦你。但如果你还想过上你曾经想过的生活——在深圳闯出一片天，你就要留在深圳。因为老家肯定没有深圳机会多。在一个如此多机会，如此大压力逼你前进的城市里，你都无法取得成功，如果回到一个三线城市，一个没有压力的环境里，你还会继续前进吗？答案肯定是否定的。很多时候，人的成功就是逼出来的。而且回去以后，工资甚至比现在还低，你拿什么给你的母亲治病呢？"

很多时候，有压力，职业发展不顺利，应该多从自己身上找问题，换环境是解决不了问题的。比如，你是一个应届毕业生，在深圳工作了一年，受不了贫穷的生活，回家了。回家后确实舒服了不少，因为住在家里，吃在家里。可是，你也堕落了。你有更多的时间去酒吧，去网吧。多少年后，你啥积累都没有。再过几年，别人都成了专家了，或者成了公司的高层领导了，你还是过着为一日三餐而奔波的生活。

有一对兄弟，家在 80 层楼。有一天，他们外出旅行回家，发现大楼停电了！虽然背着大包的行李，但他们也别无选择。于是，哥哥对弟弟说，我们就爬楼梯上去！于是，他们背着两大包行李开始爬楼梯。爬到 20 楼的时候，他们有点累了，哥哥说："包太重了。不如这样吧，我们把包放在这里，等来电后坐电梯回来拿。"于是，他们把行李放在了 20 楼。这一下，他们轻松多了，继续向上爬。

他们有说有笑地往上爬，但是好景不长，到了 40 楼，两人实在太累了。想到还只爬了一半，两人开始互相埋怨，指责对方不注意大楼的停电公告，才会落得如此下场。他们边吵边爬，就这样一路爬到了 60 楼。到了 60 楼，他们累得连吵架的力气也没有了。弟弟对哥哥说："我们不要吵了，爬完它吧。"于是，他们默默地继续爬楼。终于，80 楼到了！兴奋地来到家门口，兄弟俩这才发现，他们的钥匙留在了 20 楼的包里了……

这个故事其实反映了我们的人生：20 岁之前，我们活在家人、老师的期望之下，充满梦想，不顾一切地往前冲；20 岁之后，发现现实无比残酷，背负着很多的压力和包袱，自己也不够成熟，能力不足，因此步履难免不稳，于是选择逃避这样的生活，过着舒服的生活，就这样舒服地过了 20 年；可是到了 40 岁，才发现青春已逝，不免产生许多遗憾和追悔，于是开始遗憾这个、惋惜那个、抱怨这个、嫉恨那个……就这样，在抱怨中又度过了20年；到了60岁，发现人生已所剩不多，于是告诉自己不要再抱怨了，就珍惜剩下的日子吧！于是默默地走完了自己的余年。到了生命的尽头，才想起自己好像有什么事情没有完成。

你以为回家换个环境就舒服了，就喝到甜汤了，可是你喝的不是良药。我很喜欢那句话："良药苦口利于病。"喝着甜汤，却治不好你的病。每个人都喜欢喝甜汤，可是甜汤却可能是最毒的药。因为它会让你麻痹，让你治标不治本，最终病入膏肓而不能治。

换得了的是汤，改变不了的是药。很多人擅长的是，按响门铃，然后捂住自己的耳朵告诉自己：我听不到，所以别人也听不到。

换得了环境，换不了赚钱的能力。自己不改变，永远面临的都会是同样的压力。不如去更差的环境，去面临更大的压力。或许哪天你成长起来了，**你所谓的"压力"，都只不过是你的垫脚石而已。**无论遇到多大问题，遇到多少失败，都无需抱怨，默默地去修炼，才是你应该做的事。

两个月后，那个朋友打电话给我，说他母亲出院了。他在医院照顾了她两个月，陪她聊天，过得很开心。可是他知道，要让母亲长久地开心，只有让自己更加强大。他说他要回深圳了，因为只有在这里，才有像我这样的朋友逼他，给他压力往前走。

我放下电话，在自己的笔记本上写下这句话：你想要的安逸，不是你的归宿。

这是我一生的座右铭。

虚度的青春，不是你的资本

大学刚毕业的时候，老师对你说，去闯吧，别怕，年轻就是你的资本，青春是你最大的优势。带着"年轻"的光环，你对未来充满信心。可是，年轻真的是你的资本吗？

我有一个朋友 I，今年 29 岁。他 22 岁大学毕业，在校时学习成绩优异，深受老师和同学的赞赏。

毕业之后，他进了他家附近的街道办做了一个职员。这是一个很闲的职业。他的理想是做公务员，可是需要考试。刚毕业的前两年，他每年都去考，可是总是差那么一点点，总是无法如愿以偿。

经过几次失败之后，他渐渐放弃了考公务员的理想，开始满足于眼前这个闲职。他不再努力进取，也不再渴求成功。

直到 7 年后的今天，他遇到我。他告诉我，现在的他已经看到自己年老时的样子。

慢慢地，他也与曾经的同学拉开了距离。当别人都已经有房有车的时候，他现在还在为一日三餐而担忧。因为他现在有了家庭，这让他不得不面对现实。然而，浪费的 7 年青春，让他已经越来越远离自己想要的生活。

原来，浪费的青春，不是你的资本！

前段时间，在微博上流传着这样的话：20 多岁，你以为你还年轻吗？

不知不觉中，"00 后"就要成年，而"90 后"已经快"奔三"，"80 后"已经快"奔四"。时间如白驹过隙，在还没留意的时候，已经过去。恍惚间，觉得 10 年前的自己还在为高考奋斗，过去的一切都还在脑中浮现，宛如昨天。人生有几个 10 年呢？10 年弹指一挥间，很多东西，早已物是人非。

◆ 10 年前，伊拉克总统萨达姆还在作威作福；如今伊拉克政权已经更迭了几代了，那时美国总统还是小布什。

在最能吃苦的年纪，遇见拼命努力的自己

◆ 10 年前，中国人均 GDP 还不到 2000 美元；如今，中国人均 GDP 已快接近 10000 美元。

◆ 10 年前，苹果公司还没有推出 iPhone 系列产品；如今，iPhone 已经更迭了 6 代。

◆ 10 年前，阿里巴巴还是个创业公司，如今已经是营业额破万亿元的互联网企业航母。

曾在网上看到一张表格（见表 5.1）。据说，这张表格曾创造一天传播 100 万次的记录：

表 5.1　2016 年温馨提示

出生年月	年龄	孩子应该几岁	存款（万）
1980	36	15	200
1981	35	14	160
1982	34	13	140
1983	33	12	140
1984	32	11	120
1985	31	10	100
1986	30	9	80
1987	29	8	60
1988	28	7	40
1989	27	6	20
1990	26	5	10
1991	25	4	8
1992	24	3	6

续表

出生年月	年龄	孩子应该几岁	存款（万）
1993	23	2	5
1994	22	1	4
1995	21	怀孕	2
1996	20	有对象	1

当看到这张图表的时候，我的第一反应是，我曾经引以为傲的青春资本已不复存在！

二十几岁，你不再年轻！

你不再年轻，因为你已经开始独立，你已经踏入社会，你已经开始为自己的梦想而奋斗。你不再是一个靠父母每个月给你生活费而生活的人。从今以后，你要学会规划自己的未来，学会自己赚钱，学会自己做饭洗衣，学会为自己的行为负责。

你不再年轻，因为你要确定自己未来的路在哪里。一旦你没有规划好自己的方向，你就很可能迷失。

你不再年轻，因为你开始要考虑你未来的一半。你开始思考到底谁会陪你走进婚姻的殿堂，谁又会是你生命的过客。

你不再年轻，因为你开始要为自己的经济基础奋斗。你考虑钱的时候开始多起来：恋爱需要多少钱，结婚需要多少钱，买车买房需要多少钱。

你不再年轻，因为你有可能已经有了孩子。你的一切都给了这个孩子，你开始要考虑小孩的抚养问题和教育问题。

时间过得飞快，一转眼就会过去。**当你还没准备好的时候，别人已经出发了；当你出发的时候，别人已经在路上了；当你在路上的时候，别人已经到达终点了。**

在最能吃苦的年纪，遇见拼命努力的自己

很多人会说：我才二十几岁，还很年轻。确实，按照人类的平均寿命，二十几岁只不过才走过了人生的 1/3。按照毛主席的说法，我们就是早上八九点钟的太阳，人生之路才刚刚开始。然而，有时，"我还年轻"，却成了很多人拒绝成长的借口，成了很多人虚度青春的理由。

> 回到了家里，面对亲人的关心："你怎么还不结婚啊？"
> ——"才二十几岁，还早着呢！"你不屑一顾地回答。
> 在职场上，面对领导的批评："你怎么这么不上心，业绩一塌糊涂！"
> ——"我才刚刚工作几年，出错难免，我还年轻呢！"你心里为自己叫屈。
> 在女朋友眼里，你整天玩游戏，上网，不务正业："你怎么这么不上进，这么大了还整天玩游戏！"
> ——"我还年轻，年轻的时候不玩，以后就没得玩了！"你为自己的散漫骄傲。

拥有年轻，我们感觉骄傲！因为对于我们来说，只是缺少时间的积累。可是很多人都以为拥有了年轻就意味着一切，殊不知，年轻，只是一种资本，一旦将它丢在一边，它就是一潭死水，对我们来说毫无用处。

浪费了青春，就等于自杀！我们看似拥有年轻的资本，但事实是，很多人在年轻的时候都没有做出什么成绩，甚至连积累都没有。

这种现象，就是"青春泡沫"现象，就像经济泡沫一样。"经济泡沫"是指经济经过一段时间的迅速繁荣，然后又急剧下滑，最后像肥皂泡一样破灭的过程。经济泡沫有很大的危害性，因为它蒙蔽了很多人的眼睛。2006～2007 年，股市大幅上涨，楼价居高不下，存在很大的经济泡沫，导致了后来的 2008 年金融危机。

青春泡沫也一样，可以蒙蔽人们的眼睛。我们以为自己还年轻，所以不努力，把最好的时光，都浪费在了无意义的事情上。但当青春年华耗尽，等待我们的，将是青春泡沫的破灭。当我们醒过来的时候，我们已经无能为力，因为一切都已经散尽，而泡沫很残忍，一点东西都不留给我们，直接消失在空中。

年轻的时候，不知道目标在哪里，所以虚度了年华；无法控制自己放纵的欲望，所以无所事事，得过且过；熬不住内心的孤独寂寞，所以早早就过上了毫无挑战的舒适生活。

青春很公平，谁紧紧拥抱了它，它就给谁丰厚的回报。当你放开它，年老时的遗憾回忆，会永远留在你的记忆里。请试着问问自己的内心，当自己年老而没有力气奔波的时候，回忆起年轻时的自己，你对自己会是什么感觉？是悔恨还是无憾？

只有奋斗的青春，才是你的资本！只有折腾的青春，才是你的优势！

社交网站 Facebook 创始人扎克伯格辍学折腾 3 年，23 岁时就已成为亿万富翁；比尔·盖茨从哈佛大学辍学，20 岁出头就和自己的好友，也就是微软联合创始人保罗·艾伦倒腾一家自己的软件公司，成就后来的微软帝国；乔布斯 21 岁时，就和老朋友史蒂夫·沃兹尼亚克开办了自己的公司，先是做电路板，再后来，他们将公司命名为"苹果电脑公司"。

别让年轻成为你浪费时间的借口！否则，你就失去了在年轻的时候挑战自己的机会。要擦亮自己的眼睛，看到青春泡沫之外的世界，在最年轻的时候，以自己最大的努力，过好每一分钟，让自己的青春，不留遗憾！

年轻时代是人生最重要的打基础阶段，如果年轻换不来你未来成长的资本，那年轻就是你最大的噱头而已。

在年轻的时候，努力为你的未来铺好一级级台阶。也许，你不知道何时到达顶峰，但只要你踏踏实实地把台阶铺好了，那么，即使未曾到达目的地，看着脚下一个个用汗水铺好的台阶，你也能骄傲地告诉自己：我的青春，未曾留下空白。

过去的花钱方式，很可能让你这辈子一事无成

朋友 J 君找到我，向我借 1000 块钱周转。

我对此颇有些惊讶，因为他工作近 6 年，目前在一家日企做工程师，工资并不低。在我看来，在深圳这个城市，1000 块对于他这样的人来说，应该不算什么，为什么他却被这 1000 块难倒了？我猜想，是否他家里出了什么大事，急需钱来周转呢？

带着这样的疑问，我问他：家里有什么困难吗？

他摇摇头，告诉我没有。

我问他：那你借 1000 块钱，是为了做什么呢？

刚开始他不语，但沉默了几分钟后，他终于向我说出了实情。

原来，他的工资刚发下来，就用 1/3 还了信用卡，还有 1/3 交了房租，剩下的 1/3 中，有一部分要还欠朋友的钱，最后还有一点钱，用于这个月的伙食交通费的开销，但这点钱是远远不够的。

我了解他，花钱总是大手大脚，虽然月薪不薄，但每个月都是"月光族"。

我问他：你想过要改变吗？

他说，其实他越来越不喜欢目前这份工作，想找一份工资更高的工作。

我问他：那你尝试过去找吗？

他低着头说，他不敢去尝试。他的表情，显得很无奈。

我问他：为什么？

他说，因为以前没有学习并提升自己，所以不能确保能够找到比现在更好的工作。加上现在手头没钱，更不敢跳槽或转行了。

我问他：那你打算就这样过下去吗？

他一听，马上使劲摇头。没人会喜欢过这样整天借钱度日的生活。

我问他：那你怎么办？

他顿了顿说，希望以后改变花钱的习惯，尽量减少开支，存点钱，等有点钱了，再慢慢转向自己想做的事情。

作为朋友，我希望在他有困难的时候能够帮助他，但更希望他能够彻底地摆脱这种生活状态。但这何其难啊。人的生活，总是在被一股惯性的力量支撑着。人的每一个行为，都是平时习惯的养成。一旦生活形成了这种惯性，就会一直沿着相同的轨道走下去。就像一个习惯了安逸的人，突然有一天叫他去奋斗，去改变，估计比登天还难。因为惯性是人类的天性，人总喜欢做自己熟悉的事情。

所以，当陷入没钱的生活状态，你很难凭着自己的力量改变它。除非有一个贵人帮你一把。就像我这个朋友，刚开始没有想过给自己增值，也没想过存钱，只想到有钱就花，最终只能落入一直借钱周转的惯性之中。他要想改变，必须要经过蜕变。

一分钱难倒英雄汉。但你有没有想过，**你过去的花钱方式，很可能就是你这辈子一事无成的根本原因？**

很多人跟我抱怨：你看我，没有一个有钱的老爸，也没有一份好工作，也没有高学历，更没有精湛的技术，让我怎么翻身？确实，如果作为一个富二代，可以让你少奋斗 20 年。王思聪曾经吹嘘，他老爸给了他 5 个亿，他赚了 40 个亿。但我觉得这没什么值得吹嘘的，对于一个真正想翻身的人来说，最难的其实是第一桶金。

我一直都强调：你，是一切的根源。一个成熟的人，不应该总去想那些无法改变的东西，而要想那些可以改变的。例如，你的出身、你的父母等，这些都是无法改变的；你的资源、能力、性格和为人处世，则都是可以改变的。所以你应该多想想，该如何在自己老爸没有钱的情况下，让自己的孩子变成富二代。

大部分人都出生于普通工农家庭，一切都要靠自己。他们内心不甘平庸，却总在做着会导致平庸的事情。比如，想要转行了，发现兜里没钱，因为每个月的钱都花在了买衣服上，所以一直不敢动，因为一转行，可能连自己都养不活，只能继续做着不喜欢的工作；想要创业了，没有启动资金，因为每个月的钱都花在了玩乐上，所以就算有大大的梦想，也只能有小小的行动；想要加工资了，可是从来没有花钱去培训提升自己，或者兜里根本没钱去学习，所以只能错过一次次学习的机会，也错过一次次晋升的大好机会。

我有一个朋友是做保险销售的。在进入保险行业之前，她曾经在一家日资企业工作了两年。可是在这两年中，她觉得自己学不到东西，就慢慢进入了温水煮青蛙的状态。所以，她决定转向保险行业，让自己面对更大的挑战。

了解保险行业的人都知道，销售保险是没有底薪的，而且出单往往只能靠人脉，第一单通常需要半年左右。所以，如果没有钱能够支撑你在这个城市生活半年以上，千万不要轻易地踏入保险行业。但庆幸的是，虽然她是从贫穷的家庭中出来的，一切也只能靠自己，但她不像别的女孩子，每个月的钱都花在买衣服上，而是花在提升自己上，多余的钱则会存起来。她有自己的职业规划目标，早在一年前，就在为转行做准备。

所以，她顺理成章地转行了，而且非常顺利。现在，她已经是公

司的金牌销售。如果当初没有钱，恐怕她也很难迈出这一步，并做着
自己喜欢的工作。

对花钱这件事，很多人存在着很多认识误区。认为自己有钱了，就该
买好看的衣服，吃好吃的东西，玩好玩的游戏，这才算过上了好生活。可
是这样一来，你兜里一分钱没剩，过的是用时间换金钱，然后用金钱换享
乐的生活。如果你收入不是很高，这样做无异于饮鸩止渴。因为有一天当
你年老时，回忆自己的年轻时代，才发现有很多事情都没有去做，因为没
有钱。而没有钱，不是因为你没赚到钱，而是因为你花钱的方式不对。这
是一件多么令人遗憾的事啊！

真正好的花钱方式，是让钱生钱，让钱成为赚钱的工具，而不是一有
钱就花出去。那样只会让你成为赚钱的工具，每个月只用自己的时间换取
一点生活费而已。

要想摆脱这种生活方式，我有以下建议：

要有自己的人生规划。我的职业规划是成为一名讲师，而我的人生规
划是想通过开一家培训公司，来帮助更多的人。要开公司，必须要有启动
资金。作为一名草根创业者，一开始就想去找投资，有点难。所以我只能
靠自己。有了这个人生规划之后，我就有了赚钱和存钱的目标。

早在 3 年前，我就想自己创业，但那时并不具备相应的条件，因为没钱。
我想通过 3 年的时间来赚得自己人生的第一桶金。所以，这 3 年来，我从
开源节流这两方面来达成自己的目标。

在开源方面，在上班之余，我会通过帮助客户写软文来收取一定的费
用。这让我受益匪浅，既让我赚到了钱，又让我锻炼了写作能力。偶尔，
我还会去一些朋友的企业讲课，收取一点讲课费。

在节流方面，我几乎砍掉了所有不必要的开销。例如，我以前会买很
多衣服，但发现买回来之后就再也没有穿过，就决定一年只买两套质量最

好的。毕竟，衣服在质不在量。

要学会用金钱打造自己的核心竞争力。生活在这个出门就要花钱的世界里，花钱在所难免。但是钱花在不同的地方，会导致不一样的结果。如果钱花在游戏上，你就只能满足一下空虚的心理；如果钱花在购物上，你就只能满足一下购物的欲望；如果钱花在学习提升上，你就可以收获一项能力。

很多人不知道，**武装你的头脑，远比武装你的身体更划得来**。与其花钱去做一些随着时间流逝就会流失的事情，不如花钱让自己成长。用金钱打造你的核心竞争力，你就会更加值钱，你赚钱的能力就会更强。如果你工资实在不高，那就不要想那么多，真正要做的是，让自己强大起来，让自己能够把一件事情做得很好，只有这样，你才能越来越会赚钱，生活越来越好。

让钱花得更有意义。很多人的月薪其实挺高的，但一个月下来也没剩下多少钱。因为人的欲望是无穷的，当你有钱之后，你的消费额就会增强，所以见到喜欢的东西就会买，钱就这样毫无意义地花出去了。所以，一定要学会理财，让钱花得更加有意义。

以前，一个月的工资发下来之后，我一般会把钱分为 4 个部分。第一个部分用于固定开销。例如房租、伙食费、交通费、电话费；第二个部分用于人际交往费用。我每个月都会跟朋友吃饭；第三部分用于学习培训。我会在固定的时间参加培训，每个月买一本书等。第四个部分用于储蓄。每个月要有余钱，这很重要。如果工资不高，在前面的几项就省点，但不管怎样，要让自己养成储蓄的习惯，不要成为月光族。这样，如果能够坚持下来，你会发现这对你一生的发展有很大帮助。

对很多人来说，**你花钱的方式，往往决定了你一生的高度**。钱是双刃剑，既能毁掉一个人，也能成就一个人，就看你怎么耍弄这把剑。所以，不要让不好的花钱方式，成为阻碍你过上更好生活的障碍。

赢得面子，却输了一生

有一年过年前，朋友小肖跟我小聚了一下。小肖是个性格开朗的人，喜欢与人交往，对朋友很够义气。所以，朋友对他评价很高。小肖在深圳打拼了近7年，至今还没有结婚，按他的说法是还没碰到合适的。他的职业发展也一般般，做了7年，至今也只是个小主管。但是他很乐观，每次跟朋友聊天，他都自信未来能够闯出一片天地。

小酌了一下之后，小肖就打开话匣子了。他谈了过去一年的收获，谈了未来规划。谈着谈着，就谈到了过年怎么过。

"过年回家吗？"我问他。

"肯定回去，我还想回去看看家人呢！"他很肯定地说。

"你不怕被亲戚朋友问你什么时候结婚啊？"我试探着问他。

他犹豫了一下："有点担心，但男人晚点结婚没关系，只要有事业。"

可是工作7年了，才做了一个小主管，也不是什么大的成就，我心想，但我没说出来。

倒是他说话比较快："我今年确实没有赚到什么钱，但我要体体面面地回去，至少让别人觉得，我比去年混得好。"

"我今年会开辆车回去，这样就不会太寒酸了，至少我在亲戚朋友面前也不会丢面子了。"他说得有板有眼。

"你没有车，怎么开车回去啊？"我问。

"我准备去租一辆。钱是小事，面子是大事啊！"他回答道。

听了之后，我没觉得诧异。因为我对他很了解，他是个很爱面子的人，平时跟朋友吃饭，总抢着买单，穿的衣服都是高档货。按照他的话，在人前不能丢脸，在人后怎么寒酸都行。

多少人，像小肖一样，因为爱面子，失去了很多东西。因为爱面子，不得不用大部分工资买高档衣服，穿出来多有面子啊！可是回去之后，就只能啃面包了；因为爱面子，不敢在众人面前讲话，怕讲错了被别人笑话，被别人笑话了多丢面子啊！可是以后就只能继续躲在人后而没有成长；因为爱面子，遇到喜欢的人不好意思向她表白，结果她跟别人走了；因为爱面子，不去主动结交比自己优秀的人，所以永远都是坐井观天，走不进更大的世界。

面子到底是个什么东西？面子是你一直看重的东西，可是它却像条毒蛇一样，在慢慢侵蚀你的身体、你的思维，你还把它捧在手上当宝；面子是你认为很重要的，可是实际上对你没有一点好处的，只会让你不敢行动，放弃行动；面子是会迷惑你的"股市"，你不顾一切去追求它，为它付出所有，最终它却让你一无所有。

把面子当尊严

其实很多人爱面子，根本原因是把面子当成了尊严。尊严的定义是指，人和具有人性特征的事物拥有应有的权利，并且这些权利被其他人和具有人性特征的事物所尊重。简而言之，尊严就是权利和被尊重。而面子的定义则是，表面的虚荣。同名电影《面子》中指明，在生活中，面子一般是指人与人之间的情分和关系的厚重程度，可以说面子就是防弹衣。为了保护自己免受伤害，即使不喜欢，必要时还要违心地穿上它。

尊严不等于面子。有些人有面子却没有尊严；有些人有尊严却没有面子。面子是表面的认同，尊严则是内在的认可。

1970 年 12 月 7 日，时任联邦德国总理的勃兰特双膝跪在波兰犹太人死难者纪念碑前，向二战中被纳粹无辜杀害的犹太人表示沉痛哀悼，并虔诚地为纳粹时代的德国认罪、赎罪。此举为德国重返欧洲、赢得自尊产生了十分深远的影响，赢得了国际社会的谅解。勃兰特一跪使德国真正站起来了。而日本，却始终在否认自己的侵略史，不肯低下自以为高贵的头。

许多历史评论家认为，"跪着的德国远比站着的日本显得高大"。

在职场中也一样，暂时放下面子，或许会给我们赢来真正的尊严。

在我的口才培训班上，有一位学员分享了他的经历。他说，他几年之前就想来训练口才，可是怕上台丢脸，一直没有行动。直到今天，实在受不了不敢当众讲话之苦，才逼着自己来到了这个舞台。我说：如果你早几年过来，你现在就不是在这里说要战胜丢脸了，而是在这里享受人们的崇拜，这才是真正的面子。今天放不下小面子，明天就要丢大面子。

郭冬临表演的小品《有事您说话》中的主人公，就是一个错把面子当尊严的活宝。他分明买不到难买的卧铺票，但为了逞能，为了有面子，甘愿冒着严寒通宵排队帮别人买票，甚至不惜高价买黄牛票，只为换得别人夸自己"面子大"。妻子要揭他的老底，他大有要与妻子翻脸的样子。

错把面子当尊严，死要面子，只会让别人更加看不起你。

真正的有面子，是活出自己的价值

爱面子的人，多是在乎别人看法的人，往往活在别人的世界里。他们所有的行为，都根据别人的眼光来决定。他们穿什么样的衣服，是因为别人喜欢看；他们说什么话，是因为别人喜欢听；他们做什么事情，是为了讨别人欢心，让别人对自己有更高的评价。然而有面子的背后，只是一时的虚荣心被满足，一旦这层面子被捅破，就会丢大面子。

很多人的面子，都是建立在别人的评价里。而真正的有面子，是活出自己的价值。

太平洋集团前董事局主席严介和曾说过一番备受争议的话，他说：什么是脸面？我们干大事的从来不要脸，脸皮可以撕下来扔到地上，踹几脚，扬长而去，不屑一顾。

他认为不把自己当回事，不把面子当面子，视面子为虚无，这才是一个真正干大事的人应有的风度。他的话虽然偏颇了些、尖锐了些，但是，对于不甘平庸，想做成一些事的人来说，所面临的最大问题就是面子问题。

面子是人生中的第一道障碍，聪明的人决不做"死要面子活受罪"的人，因为如果过分爱面子，就会失去机遇。把面子看得太重的人，很难做成大事。要干大事就要敢于把面子扔掉。那些成功的企业家，马云、柳传志、俞敏洪等无不是因为摘掉了虚荣面具，才走上了成功之路。

有些人，觉得求别人丢脸，可是马云在创立阿里巴巴之前去推销黄页，被别人当做骗子轰了出来；有些人，觉得上台演讲丢脸，可是你不上台，万一哪天你突然被要求上台演讲，那你的脸就丢得更大了。

松下幸之助说："我想一个人的尊严，并不在于他能赚多少钱，或获得了什么社会地位，而在于能不能发挥他的专长，过有意义的生活。一百个人不能都做同样的事，各有不同的生活方式。生活虽不同，可是发挥自己的天分与专长，并使自己陶醉在这种喜悦之中，与社会大众共享，在奉献中领悟自己的人生价值，这才是现代人普遍期望的。"

放下面子，你才会无比强大

面子就像一个面具。一个戴着面具生活的人，是无力面对生活的挑战的，因为他心中总是充满顾虑。面对一个机会，他总在考虑：做这些东西会让我很没面子吗？想着想着，机会就溜走了。

在娱乐圈你是否注意到，一些长得很帅形象很好的偶像，反而没有一些长相一般的人发展得好。这是因为长得帅的偶像有"偶像包袱"，在演戏的时候，为了保持自己在粉丝面前的偶像形象，怕自己丢脸，不敢放开，反而让人觉得不真实。而像王宝强、宋小宝这些敢于放开自己、放下面子的演员，反而走进了观众的心里，深受大家的喜欢。

面子是留给强大的人的，只有强大的人，才有资格享受面子。因为他曾经经历了无数"没面子"的事情。面子靠什么支撑？如果连温饱问题都解决不了，有面子又有什么用？

一个人，如果没能力，靠打肿脸撑起来的面子就是虚的，因为事实最有发言权。因此，要学会放下顾虑，放下面子，大胆朝前走。当哪天放下面子了，你就真正开始成长了，你就真正活出自己了，你就真正找到自信了，你就真正强大了，你就离成功也不远了。

无法选择出身，还要选择贫穷吗？

贫穷是你自己的选择，也许很多人都不会同意这个观点，因为没人会愿意选择贫穷。

确实，没有人会喜欢贫穷，因为贫穷会让我们失去很多东西：会失去良好的生活条件，可能会为了一日三餐而发愁；会失去良好的受教育机会，可能连学费都交不起，只好上差学校，高中没毕业就要辍学；会失去生活的乐趣，可能温饱问题都解决不了，又谈何追求更高层次的快乐呢？

人的动力有两种，一种是追求快乐，一种是逃离痛苦。贫穷对于我们来说，是一种痛苦，我们恨不得远离它。所以，要逃离贫穷的痛苦，我们一定会采取行动。但还是有很多人，即使整天品尝贫穷的滋味，也安于贫穷。

一个35岁的朋友来找我咨询，说他受够了贫穷的滋味，希望我能够帮他找到有发展潜力的职业，以摆脱贫穷。

从他的话语里，我看得出他不是一个甘于平庸的人，因为他的价值观是希望过一种更有挑战的生活，并希望能够多赚点钱，给家人更好的生活。

对于这样一个有着更高目标的人，为什么到现在还是过着贫穷窘迫的生活呢？我心里一直在思考这个问题。所以，我问他："你想过更好的生活，你也知道自己不喜欢现在的工作了，为什么不改变一下？"

在最能吃苦的年纪，遇见拼命努力的自己

　　他回答："我已经 35 岁了。我 23 岁开始工作，28 岁时，我就发现自己不喜欢这个工作了。但我还是坚持做了 7 年。在这 7 年里，我曾多次想转行，可根本就下不了这个决心。因为我似乎已经习惯了这种生活节奏，每天朝九晚五，能够养活这个家庭。每次想出去学点东西，却发现自己没法静下心来学习，因为根本就不知道方向在哪里。"

　　我听了他滔滔不绝的"诉苦"后，继续问："是什么原因让你继续待在现在的公司'享受'这种看似稳定但没有前途的生活呢？"

　　他想了很久，说："我出生在一个贫穷的家庭，父母无法给我创造一个很好的条件。我想改变，可是有时也是无能为力。我想跳槽转行，可是根本就不敢，因为没有本钱，万一跳槽了，没找到好工作，家人怎么办？我想创业，却发现自己没资金、没能力、没技术，所以只能心里想想。就这样，我心里想着要改变，可是行动上却是零。"

　　聊到现在，我终于全部了解了他的情况。我想帮助他找到解决问题的方法。

　　我对他说："一个人，能不能成功，其实不在于其家庭背景好不好，不在于是否有钱，而在于他是否能够坚持改变，提升自己。"

　　"你有没有发现，造成你这么多年平庸生活的原因，其实就两个，一是不自信；二是能力不足。不自信，不相信自己能够做到，所以就不敢采取行动；能力不足，就更没有底气采取行动，所以就一直拖延。"

　　我继续说道："但是这两点还不是最重要的，最重要的是明知道自己不自信，能力不足，却不去改变，这才是最重要的。因为自信和能力不足都是可以改变的。"

成功与失败者真正的区别，不在于能力，而在于是否采取行动去改变。人是种很有潜力的动物，只要肯挖掘、肯提升，你会发现潜能无限。

　　每一个穷人身上必然有一些穷人的思维。如果不改变，无论你多努力，都不会成为富人。以下就是一些典型的穷人思维：

爱找理由

有什么样的理由，你就有什么样的人生。一个人如果想做一件事，就可以找到无数理由说服自己。而穷人则喜欢给自己不去做一件事找 100 个理由。

你羡慕朋友创业赚了钱，可是你却说："创业确实挺好的，但是我觉得一个人还是不要太累了。"因此你就安心地"享受"得过且过的生活。

你羡慕别人口才好，能够侃侃而谈，但你不想站在舞台上丢脸，所以给自己找理由："我不需要练口才啊，我只需要做好自己的事就好了。"所以，你就安然地"享受"口才不好的状态了。但每次需要你说话的时候，你都后悔和懊恼为什么自己不练好口才。

你羡慕别人能够自信地和别人沟通交流，能够大胆地做自己的事，可是你觉得自己天生就是个自卑的人，怎么都改变不了。于是，你就安然地"享受"自卑带来的痛苦了。

所有的不行动，不成功，都是你找了太多的不想做的理由。

想学习，说没时间，没钱，没精力。但正是因为没钱，没时间，没精力，我们才更要学习，学习怎么赚钱，怎么安排时间，怎么分配精力。

所以，爱找理由，是穷人致富道路上的第一道坎。

没有人生规划

穷人的思维里，是没有"规划"这个概念的。规划是一种大局观的表现，是大脑里对人生的结构性的描绘。没有人生规划，就相当于茫茫大海里没有指南针，东冲西闯，什么时候到达目的地全靠运气。有可能可以到达目的地，但更可能葬身大海。

穷人和富人的最大区别在于有无目标。穷人都喜欢得过且过，不考虑未来。能过今天就先过今天，未来怎样以后再说。富人会考虑得比较长远，从现在开始，他就已经在为未来 5 年做打算了。

把时间花在眼前的享乐上

大部分穷人都沉迷在眼前的享乐上。想要过更好的生活，可是却沉迷于眼前的稳定，沉迷于眼前一点点的福利。眼前的稳定和福利，是能够给你带来快乐，可是这些快乐是暂时的，长此以往，必将给你带来更大的痛苦。这是穷人的生活模式。

我们认为自己没有能力，所以沉迷于朝九晚五的生活，享受一时的安逸带来的快感。可是几年后，我们的能力没有提升，必将品尝前几年安逸带来的痛苦，这些痛苦，可能是因为看着同龄人不断升职，可能是因为没钱，可能是因为职业停滞不前。

我们觉得工作很辛苦，所以总是喜欢偷懒，上班上网看新闻，登 QQ 聊天，享受一时的快乐。可到年终总结的时候，我们却发现自己没有一样拿得出手的成绩，只能品尝看着别人登台领奖、看着别人被提拔的痛苦。

穷人拿钱买名牌，富人拿钱买房产；穷人梦想一夜暴富，富人追求长期收益。沉迷于眼前的快乐，你就会品尝未来更大的痛苦。这是很多穷人一直在重复做的事。

满足于现状

穷人觉得现在就是最好的，富人永远不会满足。穷人每个月最开心的事情，就是工资到账的时候，因为这个月又可以存到一点钱了。可是，富人永远关心的是，他欠银行的钱怎么那么少，因为他要拿更多的钱去生钱。他不会把钱放在银行里，靠存钱致富。

如果你满足于现状，觉得自己现在的状态就是最好的，你永远不会进步。

不愿意学习

我说的学习，不是在学校里学习知识，而是学习一种能力，一种思维模式。思维模式很重要，是一个人成功的关键。富人很喜欢学习，以改变自己的思维模式。

为什么要学习？一方面是为了提升我们的能力，另一方面是为了改变我们的思维模式。例如，很多人来我这里参加培训，不仅仅是为了学会职业规划、锻炼口才，更重要的是改变自己的思维模式，扩大自己的视野和格局。人的思维模式往往是固定的，只有新的思维模式才能取代旧的思维模式。所以，要改变旧的思维模式，就必须学习新的思维模式。

人生中出现的很多问题，往往是因为我们对这个世界的认知出现了偏差。例如，不够自信，往往是因为我们对自己的认知出现了偏差。要消除这种偏差，就要不断通过学习纠正对自己的认知。

所以你今天的贫穷，其实是你自己的选择。你没有资金，可以去借；你没有能力，可以提升；你没有技术，可以学习；你没有自信，可以培养。可是，你采取行动了吗？

实际上，一切都是可以改变的。我曾多次跟很多人讲过比尔·盖茨女婿的故事：

父亲对儿子说：我想给你找个媳妇。儿子说：可我想自己找。父亲说：但这个女孩子是比尔·盖茨的女儿！儿子说：要是这样的话，可以啊。

然后，他父亲找到比尔·盖茨，对他说：我给你女儿找了一个老公。比尔·盖茨说：不行，我女儿还小！父亲说：可是这个小伙子是世界银行的副总裁！比尔·盖茨说：这样啊，行！

最后，父亲找到了世界银行的总裁，对他说：我给你推荐一个副总裁！总裁说：可是我有太多副总裁了，不要了！父亲说：可是这个小伙子是比尔·盖茨的女婿！总裁说：这样啊，行！

很多时候，不是我们没有拥有，而是我们根本就不行动。很多东西，如果行动了，你就拥有了。试想一下，中国改革开放 30 多年，有多少人是含着金钥匙出生的？有多少人一出生就有能力、有自信、有口才？很少。很多人都是通过后天的不断学习而改变的。**这个世界其实最不缺的就是钱，缺的是信念，缺的是强大的你。**

所以，如果你没有自信，就应该去塑造；如果你没有口才，就应该去锻炼；如果你情商不高，就应该去培养。一个人要想成功，只有从改变自己开始。不要担心没有钱，没有家庭背景，只要你强大了，一切都会来。

贫穷是一种选择，而不是一种必然。所以，不要抱怨自己的贫穷，是因为你没有一位"富爸爸"。实际上，这是因为你从未用行动成为富二代的爸爸。

摆脱贫穷，从你做起

你，是一切的根源，所以只要你改变了，一切就改变了。希望下面的建议，可以帮助你实现你的梦想。

找到你生活最重要的目标。看了前面的章节，我相信大家对于如何找到自己的人生目标，已经有了很多想法。我甚至相信当你看完这本书时，你就已经找到了自己的目标。

人生目标很重要，它是你的职业牵引，你的动力源泉。对于怎么设定目标，我不再阐述，因为有很多书会告知你，但是我想给你几个忠告：你的人生目标必须和你的使命、价值观绑在一起，而且必须是你喜欢的。你实现目标的过程，其实就是你达成使命和实现价值观的过程。确保你人生所有的行动，都和你的目标有关，并且有益于你目标的实现。

当你找到了你生活最重要的目标之后，你的人生会大不相同。

为了你想要的生活，请立即行动。在前几章，我已经阐述了拖延的危害性，在这里再次告诉大家，只有行动才有结果。多少人在过着"口是心非"

的生活。想变得自信,却不行动;想要有钱,却整天无所事事;想要好口才,却懒得站在舞台上说一句话;想要挑战生活,却享受着眼前的安逸。

失败者都是"口是心非"的人。所以,现在就采取行动,才是你唯一的选择。我们无法选择自己的出身,难道还要选择贫穷吗?

相信关于你自己的一切都是可以改变的。这个世界没有命运,唯一的命运是你自己。很多人给自己设限,认为无法拥有美好的生活,认为肯定无法靠自己过上好日子。如果你真的那样想,那你就真的无法靠自己过上好日子了。我曾经以为,我会一辈子都自卑,一辈子都无法习得好口才,可是我获得了想要的自信和口才。因为我想要,我去行动了。方法总是比问题多,只要我们敢想、敢做。

没有什么事情比接受命运的安排更可悲了。你的选择决定你的生活状态。那么,你是选择贫穷还是富有呢?

人生逻辑顺序错了,你将一事无成

有一段时间,我去郑州一家高校做演讲。在演讲后,有一个学生找到我说,听了我的演讲后,他对未来更加有信心了。我问他,是什么让他变得有信心了?他说因为他有一个伟大的目标,而且他坚信自己能够实现。我问他,他的目标是什么?他说他要在毕业两年内赚100万元。我问他,他怎么去实现呢?他说还没有想好,但是他坚信他能够实现。

很多时候,我们想到了美好的结果,但却从未想过如何去实现这个结果。就像上面这位同学,想赚100万元是美好的,但该如何实现呢?没有踏踏实实的过程,美好目标永远是泡沫。其实,100万元只是结果,但如果没有前面所有的付出，结果是不可能出现的。

很多人之所以失败，是因为把人生的逻辑顺序颠倒了：

◆ 想要赚钱，却把提升赚钱能力放在后面，想等有钱了再去提升。

◆ 想要拥有一样东西却不想付出，想等拥有了再付出。

◆ 想要改变却不去突破，想等改变了再去突破。

所以，我们一定要搞清楚人生的逻辑顺序，否则会吃苦头。

◆ 想要有钱，就先要值钱；你值钱了，钱就自然而然来了。

◆ 想要成长，就先要承担，而不是先成长了再承担。

◆ 想要会，就先要做，而不是会了再去做。

在职业选择和发展过程中，很多人都会颠倒人生的逻辑顺序。人生其实就是一个按逻辑顺序发展的过程，我们的人生之所以会出现问题，就是因为我们的逻辑思维出现了问题，我们的思考模式出现了问题。只有摆正逻辑顺序，我们才能走得更快、更稳。

不是工资高了才去提升，而是提升了才会工资高

根据马斯洛的需求理论，人的首要需求是生理需求。我们首先要保证自己的温饱问题，所以，我们都想找高工资的工作。可是，不是谁都可以找到好工作的。大部分人，刚毕业的时候，都只能获得满足温饱需求的月工资。

根据调查显示，2015 年应届生月平均工资为 4000 元左右。如果是在深圳，基本上解决吃住问题之后就所剩无几了。

生活所迫，是我们不得不面对的问题。大部分人的惯性思维都是以钱作为选择工作的第一标准。正因如此，很多人刚毕业就很浮躁，一旦工资

Part 5　那些你自以为"是"的

无法达到自己的预期，就很容易放弃。

　　在招聘的过程中，我曾经遇到一个应聘销售岗位的朋友，但是他之前做的是软件开发、ERP（企业资源计划）工程师等工作。我问他为什么职业生涯如此混乱，他说刚毕业时，认为软件开发工资挺高的，所以就选择了这份工作，但是做了一年之后发现工资始终提不上去。面对生活的窘迫，他又认为自己可以试试 ERP 工程师的工作，因为很多大企业都需要这个岗位，前途应该不错，而且他又喜欢。但是做了之后却发现这个工作的工资其实也一直是原地踏步。他觉得继续下去也没什么前途，所以又辞掉了工作。现在，他认为销售才是改变自己命运的工作，而且自己口才还不错，所以想来试一下。

　　我告诉他，他做销售肯定超不过半年，因为销售一般是低底薪高提成。销售这个工作，做得好就是老板，做得差比普工还不如。而且就算要做好，也需要一个时间的累积过程，不是一年两年就能够达到的。

工资高不高，不是你能够找出来的，关键是看你值不值高价钱。其实，很多工作如果能够做到专家水平，工资都会很高。例如软件开发，如果你能认认真真积累工作经验，经过几年的发展，达到高级软件工程师的水平，工资肯定会很高。

　　所以，**不要总看工资高不高，而要看你是否配得起高工资。**高工资的工作总是存在的，只是你能够胜任这个工作吗？

　　一个做人力资源总监的朋友，之前做的工作是销售，但是半年之后，她发现自己还是更喜欢做人力资源管理方面的工作。其实从事人力资源事务性工作工资并不高，但是人力资源管理工作理论性和操作性非常强，只要一步步踏踏实实地积累经验、提升能力，一定可以获得自己想要的报酬。所以工作前 3 年，她并不在意工资多少，但在这几年，她一直努力参加学习，积累工作经验特别是项目经验，提升综合素质能力，例如演讲能力、组织能力等。于是，在她工作的第 4 年，她的工资比之前翻了 3 倍。在第 6 年，比第 4 年又翻了一倍。

所以，你总需要一个厚积薄发的过程。在沉淀的过程中，也许你一点也看不到希望，但是，只要这个工作是对社会有价值的，如果你能够做到这个领域的专家，钱，只是顺其自然的事情。

记住，**工资只是结果，当能力提升后，高工资只是你创造价值的一个产物而已。所以不要盯着你的工资看，而要盯着你的能力看。**

不是因为有了好工作才付出，而是付出了才有好工作

失败的职场人，都会有这样的想法：这个工作我不喜欢，所以我不付出。但是，他又不离职，所以随着时间的推移，就变成了"混"。

人生最怕一个"混"字！抱着混的心态，看似偷巧、轻松、没压力，然而却在不知不觉中混没了青春，混尽了精力，混掉了激情，混失了口碑，到头来混得黄粱美梦一场空！

许多年前，一个妙龄少女来到东京帝国酒店当服务员。这是她涉世之初的第一份工作，因此她很激动，暗下决心：一定要好好干！可是，她万万没想到：上司竟然安排她洗厕所！

对于有着良好家世背景的她而言，这是个很大的挑战。她从小没干过家务又特别爱干净，而在洗厕所时所必须面对的秽物与气味让她实在难以忍受，尤其是用她细嫩的手拿着抹布去擦拭马桶时，近距离的接触让她胃里翻搅，想呕吐却又吐不出来。而上司要求她把厕所里的马桶刷得光洁如新，这让她觉得太强人所难。

　　她哭过，苦恼过，几次想放弃，然而好胜心又驱使她思考如何克服这个难关：到底怎么样的标准才是光洁如新呢？这马桶已经被使用过了，怎么可能维持如新呢？

　　这时，一位老前辈出现了。他似乎读出了这个娇娇女的烦恼，给了她一个明确的示范，完全没有长篇大论的说教，只是亲自弯下腰来，卷起袖子，拿起了清洁剂与刷子……

　　首先，他一遍一遍地刷着马桶，不放过任何一个角落。在他的刷洗下，马桶的瓷光果然变得夺目闪耀。然后，前辈从马桶里盛了一杯水，毫不迟疑地一饮而尽。这个举动让少女震惊。前辈告诉她，光洁如新的重点在"新"，新马桶里的水是干净的，人们喝时没有心理障碍。所以，只有马桶的水达到可以喝的洁净程度时，才算是把马桶刷洗得光洁如新。

　　每一个工作都是修炼自己的道场，前辈的举动感动着少女。工作本身并无贵贱，真正让人敬佩的是把每一个小细节都尽全力做好的决心。从此，她对洗马桶的工作不再排斥，甚至把它当做一生中最重要的际遇，最难得的一堂课。

　　假期结束前，当饭店的高管来验收成果时，这个娇娇女在众人面前舀起马桶里的水喝下去，让众人惊讶万分。在这个有着众多打工者的酒店里，这间厕所反而最让人印象深刻。后来，她大学毕业后，顺利进入帝国饭店工作。从前辈处学来的敬业精神，让她成为该饭店最出色的员工。

　　这是一个真实的故事。这个故事的主人公的名字叫野田圣子。虽然清洁厕所、喝马桶里的水确实令人不可思议，但不可否认的是，她追求卓越的渴望。

　　野田圣子在37岁时步入政坛，在小泉首相任内，被延揽为日本内阁的邮政大臣。而她总是以帝国饭店时的工作为荣，在对外自我介绍时，总会说：

我是最敬业的厕所清洁工，也是最忠于职守的内阁大臣。

野田圣子坚定不移的人生信念，表现为她强烈的追求卓越的心：就算一生洗厕所，也要做最出色的。这一点，使她拥有了成功的人生，使她成为幸运的成功者、成功的幸运者。

优秀的人，总能把平凡的工作做到最出色。无论这份工作有多无聊与多厌烦，只要一天在岗位上，他们就不会虚度。要么不做，要做就要做到最好。因为一个人从事一份工作的所有习惯、思维一旦形成，就会影响下一份工作。假如你对一份不喜欢的工作采取敷衍了事、拖延应付的态度，久而久之，就会形成这种习惯，那么下一份工作你也依然会采取敷衍了事、拖延应付的态度。而且，用这种态度对待工作，对你的工作经验积累和能力提升没有一点作用。

很多时候，不是这份工作不是好工作，而是你根本就没有用对待好工作的心态去对待它，所以它就自然而然成不了好工作！ 因为你不用心对待它，所以做不出好成绩，做不出好成绩，你就无法获得成就感，你也无法获得公司的认可，职业成功也就无从谈起。

所以不是有了好工作才付出，而是付出了才有好工作！

不是因为有条件了才行动，而是因为行动了才有条件

很多人做着一份不喜欢的工作，想去改变，却迟迟不行动，因为认为还不具备条件。想转行，可是没有经济基础做后盾，因为"跳槽穷三月，转行穷半年"。但是，如果不行动，就将永远维持现状。行动了，有可能穷半年，但不行动，将有可能穷一辈子。

职业发展不能采用"休克疗法"，一旦采用，将会让你进入"温水煮青蛙"的状态。就像我们国家一样，在发展的过程会出现很多问题，但是我们的国家领导人提出的是，在发展中解决问题。只有边发展边解决问题，不可能停下来解决问题。如果那样，就是本末倒置了。

有些人想转行，去追寻自己喜欢的工作。由于平时要上班，要提升岗位能力只能在下班之后。他们认为这样效果不大，所以索性辞职后专职学习。其实，我并不赞同这样做。除非对你来说工作可有可无，否则，应该永远以工作为主。

我们永远无法准备好所有的东西再去行动。职业规划也是一样的道理，不可能等所有的能力都提高了才去从事自己想从事的职业。理想和现实之间的差距，只有在行动中才能缩小。

你的方向在哪里？让心告诉你！不要担心"万事俱备，只欠东风"，当你迈出第一步，自然"船到桥头自然直"。路在你的脚下，一步步走下去，世界会为你让路！

不自我设限，你的生命会有更多可能

一位记者采访一位上市公司的企业家，问他："你是如何将一个小作坊带到今天上市企业这个高度的？"

这位企业家沉默了一下，没有马上回答，而是伸出左手，手掌打开，手掌心向下平放于胸前，右手握拳伸出大拇指，置于左手掌心之下，然后右手大拇指往上顶。由于左手掌心的阻挡，右手大拇指无法再向上了。

这位企业家说，左手掌心是我们的心理高度，右手大拇指是我们的梦想。我们的梦想会受限于我们的心理高度，如果想要升得更高，就要提高心理高度。

他接着说，从创业开始，他就不给自己设定企业的发展高度，他想做到世界第一。于是这10年来，他精益求精，不断突破，不断打破常规，慢慢地把一个小作坊做到了上市企业。

很多时候，我们所取得的成就被我们的心理高度限制了。当我们给自己设限之后，它就会常常暗示我们：我是不可能做得好这个工作的，我还是乖乖地做一些自己有把握的工作；我是不可能取得成功的，因为我不具备这个工作所需要的能力。当给了自己这样的暗示，我们就真的无法取得成功了。

你的心理高度决定你人生的高度。你有做乡长的心理高度，你就只能做村主任；你有做县长的心理高度，你就只能做乡长；你有做市长的心理高度，你就只能做县长。

"心理高度"是让人无法取得成功的重要原因之一。它是挡在成功道路上的一块巨石，会阻挡人们前进的方向。人的一生，最怕的就是给自己设定了心理高度。

在我的口才训练班中，曾经有一个年纪大概40岁的大姐。她气质非常好，看得出年轻时一定很漂亮。她在台上讲述了她的坎坷经历。

她24岁结婚。结婚前，所有的一切都是她家里安排的，比如学校的选择，毕业后的工作安排等。在结婚之前，她认为自己能力很平庸，肯定不可能靠自己取得成功，认为这辈子肯定要找一个能力强的男人做伴侣。所以，在工作了一年之后，她认识了一个比她大8岁的男人。这个男人家境优越，这让她以为自己找到了人生归宿。

于是，她顺理成章地嫁给了他，并在家里做起了全职太太，担起了相夫教子的责任。

结果，全职太太一做就是10年。在这10年里，她的全部精力都放在了家庭上，几乎与世隔绝。就是因为这样，她与丈夫的差距越来越大，有时甚至一天他们都无法说上一句话。只有孩子成了他们唯一的纽带。

但是，命运最终和她开了个玩笑。在结婚后的第10个年头，他丈

Part 5 那些你自以为"是"的

夫出轨了。她把人生最好的 10 年都给了他，他最终却选择了别人。当得知这个消息时，她觉得天都塌了。

她是个很好强的人，无法容忍丈夫出轨，所以她第一时间向丈夫提出了离婚。她丈夫很后悔，可是一切都来不及了，因为她是个眼里容不下沙子的人。就像当年不顾一切地嫁给他做全职太太一样，现在她也不顾一切地离开了他。

孩子选择了跟着她。可是，离婚后，他们靠什么生活？曾经认为只能靠别人的她，毕业后只工作了 1 年，就过上了 10 年的全职太太生活，这让她对现在的职场一无所知。她很害怕，害怕自己无法再融入这个社会，害怕自己没有能力养活自己和孩子。

但这次，她倔强地告诉自己，她要靠自己。她揣着父母给的 5000 块钱，带着孩子来到了深圳，选择了具有挑战性的保险行业。

最初的她，面对陌生人又紧张又恐惧，可是一想到孩子还要读书，还在家里等着她，她就强迫自己一定要改变。做销售需要胆量，需要口才，她就去参加了我的口才培训班，跟小伙伴去户外演讲。

终于，在这家保险公司待了 3 年之后，她成了公司的销售冠军。

当再次回到课堂分享她的故事时，她没有了初见时的不自信，而是一个有气质的职场女强人。她说年轻的时候总觉得自己能力不行，将来一定要靠别人，现在才知道，原来自己身上的潜力那么大。

是啊，有多少人没有尝试过就说自己不行？有多少人没有尝试过就放弃了？

你，是一切的根源。靠自己才是最靠谱的，永远不要给自己设限。

一个人在高山之巅的鹰巢里，抓到了一只幼鹰，把它带回家，养在鸡笼里。这只幼鹰和鸡一起啄食、嬉闹和休息。它以为自己是一只鸡。这只鹰渐渐长大，羽翼丰满了，主人想把它训练成猎鹰，可是由于终日和鸡混在一起，它已经变得和鸡完全一样，根本没有飞的意愿了。主人试了各种办法，都毫无效果，最后把它带到山顶上，一把将它扔了出去。这只鹰像块石头似的，直掉下去。慌乱之中，它拼命扑打翅膀，就这样，它终于飞了起来！

不给自己设限，总有一天你会飞起来的！

如果有人做成功了一件事，那任何人都可以学会做这件事

NLP（神经语言程序学）的假设之一是：如果有人做成功了一件事，那任何人都可以学会做这件事。人与人之间最可怕的差异在于思维的差异。很多人会说，和他同年的朋友都做老板了，自己只有羡慕的份儿，因为他很清楚自己没有那个能力。这就是给自己设限了。**其实人最不可怕的就是能力的差异，因为能力都是可以训练出来的。**

也许，仍然有不少人相信那些不世出的天才必有天生的神秘能力，但科学家通过大量的调查研究已经达成共识，所有的顶级高手都是练出来的。除了某些体育项目对身高和体型有特殊要求之外，神秘的天生素质并不存在，也就是说人人都有可能成为顶级高手。早在20多年以前，芝加哥大学的教育学家本杰明·布鲁明就曾经深入考察过120名从音乐到数学多个领域内的精英人物，发现他们幼年时代并没有任何特别之处。后人的研究更证明，在多个领域内包括智商跟一个人能不能达到专家水平都没关系。

有个匈牙利心理学家很早就相信只要方法得当，任何一个人都可以被训练成任何一个领域内的高手。为了证明这一点，他选择了一个传统上女性不擅长的项目，即国际象棋进行实验。结果，他和妻子把自己的3个女儿都训练成了国际象棋世界大师，这就是著名的"波尔加三姐妹"。这个实验甚至证明，哪怕你不爱好这个领域，也能被训练成这个领域的大师，

因为三姐妹中的一个并不怎么喜欢国际象棋。

所以，人人都可以成长为自己想要的样子。只要你想，只要你有决心，有方法。

扩大舒适区，你的生命才有无限可能

"舒适区"指的是一个人所处的一种环境状态，在这种状态之中，人会感到舒适并且没有危机感。

一个人必须不断扩大自己的舒适区，才能达成自己的目标。因为一个人的舒适区往往很小，而目标往往不在你的舒适区之内，所以你必须要扩大它。

舒适区是一种精神状态，这种状态会给人带来一种非理性的、类似惰性的安全感。当一个人围绕自己生活的某一部分建立了一个舒适区之后，就会倾向于待在舒适区内，而不是走出舒适区。要走出舒适区，必须在新的环境中找到不同的行动方式，同时回应这些行动方式所导致的结果。

厌恶改变是人类的天性。所以很多人倾向于待在自己的舒适区内。

　　一个朋友面临职业的艰难选择。一家是初创企业，工作内容是他喜欢的，但对行业不熟悉，工资不算高，公司前景也是未知的；另一家是台资企业，工作内容是他熟悉的，工资还算不错，属于传统行业。

　　他告诉我，他担心第一份工作前途未卜，所以，就算知道第二份工作是枯燥的，也在心里倾向于它。因为他的舒适区是追寻安稳和熟悉。

　　但是令他苦恼的是，他内心并不希望追求安稳和熟悉，因为他知道第二份工作没什么前途，他希望突破原来的职业限制。

其实，有时候你觉得舒服和熟悉的，并不一定是你喜欢和擅长的。总待在你原来熟悉的领域，会限制你的发展，而且得不到你想要的东西。

在最能吃苦的年纪，遇见拼命努力的自己

　　当你不再给自己设限，生命就有了无限的可能。就像马云说的，人总是要有梦想的，万一实现了呢？在未来，谁知道你会成为什么样的人呢？只有敢于走出舒适区，才能成长为自己想要的样子。

DO YOUR BEST, YOUNG PEOPLE

后记

　　感谢你看完了这本书。

　　从大学时代开始，我就有陆陆续续记录生活感悟的习惯。进入社会工作后，我开始从记录生活感悟转为记录职场感悟。

　　到 2015 年，我已经写了 100 多篇原创文章。也是在那一年，我开始接触三茅人力资源网。我在这个网站发布了第一篇网络文章：《这些招聘潜规则你不知道，将永远迷茫下去》。这篇文章出乎意料地受人欢迎。之后，这篇文章受到很多微信公众大号、微博大号等自媒体的转载。不久，我成了三茅人力资源网专栏作家。

　　之后，我陆陆续续发表了很多关于职业发展和职场励志的文章。就这样，越来越多的朋友知道了我，而我几乎每天都会收到读者的私信。真正让我有出版书的想法的，是在收到一位年轻妈妈的私信之后。

　　这位年轻妈妈，是一位出国留学归来的职场女强人。回国后，她却面临着和很多职场妈妈一样的困惑。例如，由于亲自带小孩而导致的职场空白，或者无法平衡家庭和事业的关系而导致的职场迷惘。她曾经给我写了很多邮件。每次，我都是在半夜 12 点花半个小时回复她，给了她很多可行的建议。

　　我这样做，只是为了践行自己当初的诺言：帮助更多在生活中和职业发展中迷惘的人找到自己的方向，实现他们的梦想。

后来，她给我回了一个邮件。她说，我的文章可能会改变她一生的发展方向。

那一刻，我才知道原来自己的文章对一个人的影响是那么大。

之后，我发表了《人生逻辑顺序错了，你将一事无成》等被百万读者称为"醍醐灌顶"的文章，也写出了《如何写出让HR一看就约你面试的简历》等非常实用的求职指导文章。这些文章发表后，曾一度占据简书、微博等大型自媒体的头条位置。

读者们的鼓励，让我有了出书的想法。我想把更多的文章集结起来，让更多的人看到，让更多迷惘的人少走弯路。

后来，我遇到了海天出版社的张主任和涂编辑。他们看到我的文章之后，马上和我取得了联系。涂编辑还说，读我的文章后，感受很深。于是，我的书终于可以出版了。在这里，我要感谢他们的"知遇之恩"。

这本书里的大部分故事和案例，都是我身边朋友的故事和经历。他们跟很多人一样，是生活在我们身边的普通人。在这本书确定要出版之后，我逐一跟他们取得了联系，告诉他们，我会以他们为原型，以故事的形式将他们的经历表现出来。当我跟他们沟通之后，他们马上就表示了支持。为了保护他们的隐私，很多故事的主人公我都采用了化名。在这里，对他们的支持，我表示衷心的感谢！

我还要感谢我最尊敬的深圳大学教授章必功、三茅人力资源网CEO王强亲自作序推荐；感谢三茅人力资源网编辑宋文、《一个HRD的真实一年》作者赵颖及我的学员的倾情推荐。

感谢买了这本书的读者们，特别是提前预订了这本书的读者们，正是因为你们，这本书才得以出版。

最后，我还要特别感谢我的家人和我最亲爱的朋友们。每次，在我遇到瓶颈的时候，你们始终站在我身边。感谢一路有你们！

在今后的成长路上，愿我的书能够给读者朋友带来一点温暖和鼓励；愿它可以成为你身边最忠实的一位同行者；愿有一天，可以和你见一面，一起聊聊职场，聊聊人生！